Fatima Kh. Malek
Salma A. Abbas
Baydaa A. Abed

A enzima arginase na acromegalia iraquiana: perspectivas bioquímicas

Fatima Kh. Malek
Salma A. Abbas
Baydaa A. Abed

A enzima arginase na acromegalia iraquiana: perspectivas bioquímicas

Análise dos efeitos em doentes com e sem diabetes

ScienciaScripts

Cover image: www.ingimage.com

This book is a translation from the original published under ISBN 978-620-7-46180-6.

Publisher:
Sciencia Scripts
is a trademark of
Dodo Books Indian Ocean Ltd. and OmniScriptum S.R.L publishing group

120 High Road, East Finchley, London, N2 9ED, United Kingdom
Str. Armeneasca 28/1, office 1, Chisinau MD-2012, Republic of Moldova, Europe
Managing Directors: Ieva Konstantinova, Victoria Ursu
info@omniscriptum.com

Printed at: see last page
ISBN: 978-620-8-39452-3

Conteúdo

Resumo

A L-arginase (EC 3.5.3.1), a última enzima do ciclo da ureia, é uma metaloenzima binuclear Mn2+. A enzima catalisa uma reação que envolve a hidrólise da L-arginina em L-ornitina e ureia. A acromegalia (ACRO) é uma síndrome hormonal complexa e rara, classificada como uma doença crónica caracterizada por níveis elevados de hormona do crescimento (GH) e, consequentemente, de fator de crescimento semelhante à insulina-1 (IGF-1), geralmente causada por um adenoma hipofisário secretor de GH. Induz impactos em vários sistemas, especialmente no sistema osteoarticular, músculos, cérebro, coração e vasos sanguíneos, sistema respiratório e hematopoiético, rins, fígado e pâncreas, tiroide, tecido adiposo e sistema metabólico. Este estudo teve como objetivo avaliar os níveis de atividade da Arginase, GH, IGF-1, glicose, perfil lipídico, ureia sérica em doentes com ACRO com e sem diabetes, e a correlação entre a Arginase e (GH, Glicose, Perfil lipídico).

O presente estudo foi realizado em 120 participantes, 80 doentes com ACRO divididos em dois grupos (20 homens e 20 mulheres sem diabetes e 19 homens e 21 mulheres com diabetes), com idades compreendidas entre os 25 e os 65 anos, e as amostras foram obtidas no Centro Nacional de Diabetes da Universidade de Mustansiriyah, em Bagdade, entre julho de 2022 e outubro de 2022, e 40 controlos saudáveis também participaram neste estudo. A atividade da arginase, a GH, o IGF-1, o FSG, o CT, os TG, o HDL e a ureia foram medidos.

Os resultados revelaram que a atividade da arginase estava significativamente reduzida nos doentes em comparação com os indivíduos saudáveis. No entanto, a atividade da arginase foi significativamente mais elevada nos doentes com ACRO+DM em comparação com os doentes com ACRO sem DM. Os níveis de GH e IGF-1 foram significativamente mais elevados nos doentes em comparação com os indivíduos saudáveis, sem diferença estatisticamente significativa nos níveis de GH e IGF-1 entre os doentes com ACRO e ACRO+DM. Os níveis de FSG nos doentes com ACRO+DM foram significativamente mais elevados do que nos doentes com ACRO e no controlo, mas as diferenças nos níveis de FSG entre os doentes com ACRO e o controlo não foram estatisticamente significativas. Os níveis de CT, TGs, LDL e VLDL estavam significativamente elevados nos doentes em comparação com os indivíduos saudáveis, os doentes com ACRO+DM tinham níveis de CT, TGs, LDL e VLDL significativamente mais elevados do que os doentes com ACRO, enquanto os níveis de HDL estavam significativamente reduzidos nos doentes em comparação com os indivíduos saudáveis, as diferenças nos níveis de HDL entre os doentes com ACRO e ACRO+DM não eram estatisticamente significativas. Os níveis séricos de ureia nos grupos de doentes eram (não significativamente) mais baixos do que no controlo.

Este estudo concluiu que se verificou uma diminuição dos níveis de atividade da arginase sérica nos doentes. Esta diminuição pode ser atribuída à proteção dos compostos de azoto no organismo contra a perda através do ciclo da ureia e permite que o organismo realize os seus processos de construção utilizando proteínas que contêm azoto. Além disso, os níveis elevados de LDL e reduzidos de HDL, para além de TGs, TC e VLDL mais elevados em doentes com ACRO, aumentam o risco de desenvolver problemas cardiovasculares. Além disso, este estudo concluiu que existia uma correlação positiva entre a arginase e o FSG no grupo ACRO+DM. Esta correlação positiva pode ser atribuída à deficiência de insulina, que faz com que as células sofram um défice de energia (devido à falta de glicose), o que pode causar um aumento da atividade da arginase, para catabolizar mais aminoácidos e dar mais energia às células.

CAPÍTULO I

Introdução e revisão da literatura

1.1.Arginase

A L-arginase (EC 3.5.3.1), a última enzima do ciclo da ureia, é uma metaloenzima binuclear Mn^{2+} [1]. A enzima catalisa a seguinte reação que envolve a hidrólise da L-arginina em L-ornitina e ureia:

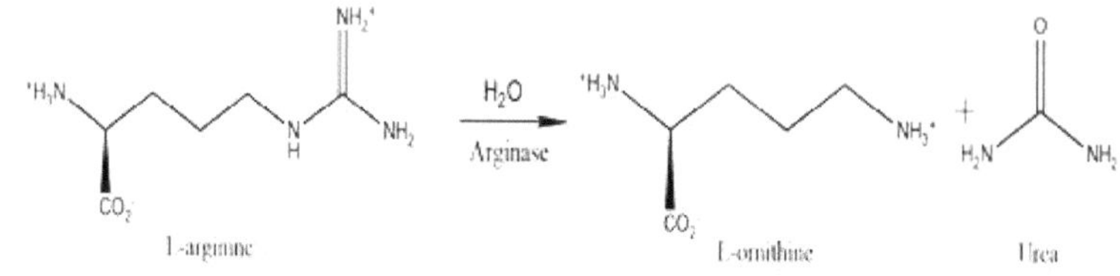

Figura 1-1: A reação da arginase.

A L-ornitina é necessária durante a proliferação celular, a produção de colagénio e outros processos fisiológicos, enquanto o ciclo da ureia protege contra o excesso de amoníaco [2]. A L-arginase é também chamada L-arginina amidinohidrolase ou ureahidrolase [3]. Existe em dois tipos de isoformas em vários vertebrados, a arginase 1 (Arg1) e a arginase 2 (Arg2). A Arg1 ou arginase hepática (uma isoforma citosólica), é extensivamente expressa no fígado e está principalmente envolvida no ciclo da ureia. A Arg2 ou arginase renal, (uma isoforma mitocondrial), tem uma expressão mais alargada e desempenha um papel na regulação dos níveis de arginina ou ornitina intracelulares [4]. A função catalítica da Arg1 e Arg2 é a mesma, mas a sua distribuição nos tecidos, localização celular, atividade metabólica, caraterísticas físico-químico-cinéticas e reatividade imunológica cruzada são diferentes [5]. A Arg desempenha um papel crucial na imunidade, regeneração de tecidos e reparação de feridas em vertebrados. Os dados sobre a função da arginase para estes eventos em invertebrados são bastante escassos [6].

A Arg está envolvida no metabolismo da L-arginina, na formação de óxido nítrico e numa variedade de vias de sinalização, quer na dependência quer independentemente da sua atividade de L-arginina ureia hidrolase [7].

O Arg foi utilizado como um catalisador eficaz para a produção ecológica de L-ornitina, um aminoácido não proteico comum utilizado como suplemento dietético e produto alimentar.

comum não proteico utilizado como suplemento dietético e produto alimentar. Foi também considerado um fármaco redutor de arginina para o tratamento da deficiência de Arg [2].

1.1.1. Estrutura da arginase e suas caraterísticas

O Arg1 humano tem uma estrutura quaternária [8], como se mostra na figura (1-2):

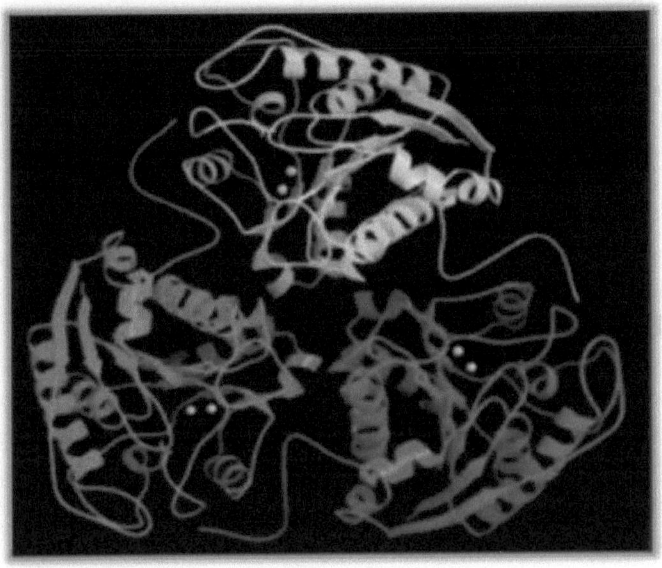

Figura 1-2 Esquema em fita do trímero da arginase [9].

Com o aumento do pH, a atividade da Arg aumenta até atingir o seu pico a pH 9,5, após o que diminui com o aumento do pH. A Arg extraída do soro de indivíduos saudáveis tem um peso molecular de 94,40 Kd e uma energia de ativação de 14,3 kcal/ mol. A 35°C, a Arg apresenta a atividade máxima. É estável entre 30 e 50 °C, mas à medida que a temperatura aumenta, perde estabilidade até atingir 70 °C, altura em que a enzima mantém apenas 24% da sua atividade [10].

1.1.2. Papel da Arginase nas Doenças

A expressão de Arg é regulada positivamente numa série de condições patológicas [11]. Como já foi referido, a Arg é fundamental numa variedade de cancros, incluindo os cancros da mama, gástrico, do fígado, do pulmão, da próstata, do ovário, do rim, da bexiga, entre outros [12]. As variações patogénicas da Arg1 são responsáveis pela doença metabólica conhecida como deficiência de arginase [13]. Há cada vez mais provas de que o metabolismo da arginina desempenha um papel na doença de Alzheimer [14]. A atividade elevada da Arg está associada a problemas cardiovasculares [15]. Está provado que a disfunção endotelial é um elemento crítico da COVID-19 e está ligada às suas comorbilidades [16]. Uma vez que a Arg causa disfunção endotelial ao reduzir a biodisponibilidade do NO e ao esgotar a L-arginina, é provável que esteja envolvida na COVID-19 e nas consequências vasculares associadas [7]. A Arg pode estar elevada na asma alérgica, e o aumento da atividade da Arg aumenta a formação de l-ornitina, que pode estar implicada na modificação das vias respiratórias ao promover a proliferação celular, a síntese melhorada de colagénio e a fibrose [17]. A lesão causada pela isquémia da retina é significativamente influenciada pela Arg2 das células endoteliais [18]. Nos ratinhos, a Arg2 é um regulador crítico do desenvolvimento da osteoartrite. Embora as respostas dos condrócitos humanos e dos ratinhos à Arg2 não sejam idênticas, são semelhantes [19]. Um estudo recente mostra que a atividade da Arg foi consideravelmente elevada em indivíduos com diabetes tipo 2 [20]. Tanto quanto sabemos, não existem estudos sobre a Arg na acromegalia.

1.1.3. Inibição da arginase

Ao ligarem-se ao núcleo catalítico da arginase, pequenos inibidores químicos podem controlar a atividade da enzima [21]. Os inibidores da arginase dividem-se em duas categorias: compostos sintéticos e naturais [12]. Atualmente, os inibidores da arginase são considerados terapias promissoras para o tratamento de uma variedade de patologias, como se mostra na figura (1-3) [22].

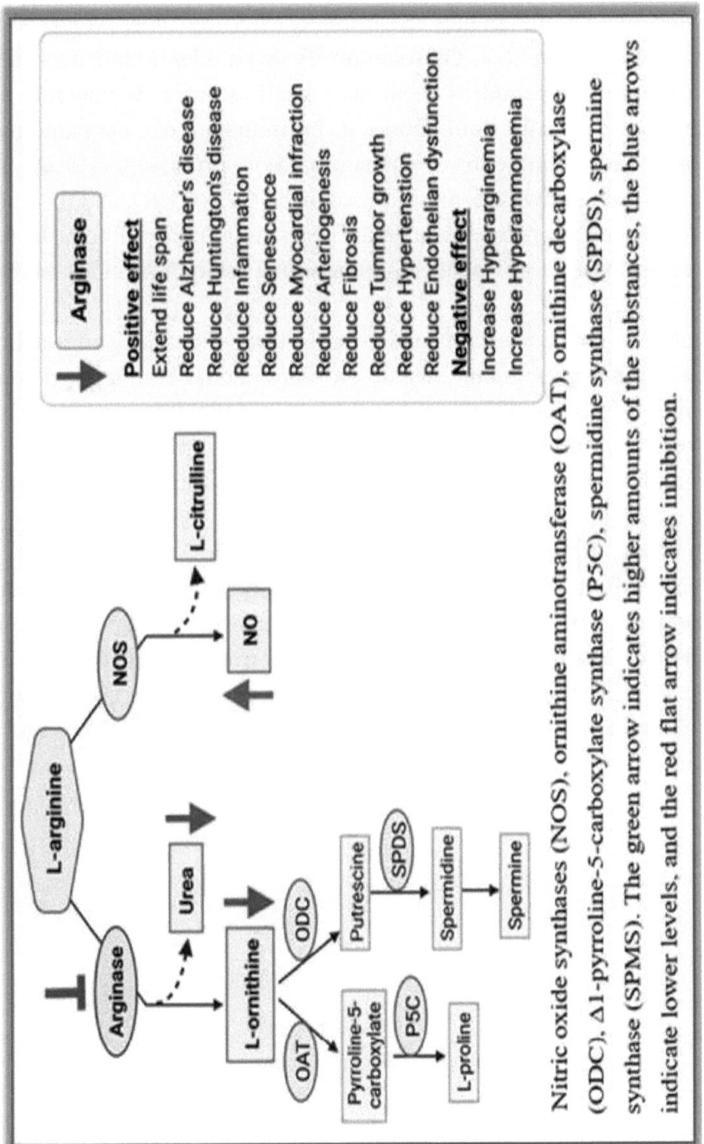

Figura 1-3: A importância clínica da inibição da arginase [22].

1.2.Hormona do crescimento (GH)

1.2.1. Estrutura, secreção e suas formas

A GH humana (hGH) ou somatotropina é uma proteína de cadeia simples com aproximadamente 22 kDa (tamanho molecular), composta por 191 resíduos de aminoácidos ligados por pontes dissulfureto (S-S) em duas voltas peptídicas, como se mostra na Fig. 1-4. Os somatotróficos na adeno-hipófise sintetizam e segregam a hormona peptídica de forma pulsátil a partir da glândula pituitária (PG), que produz um a dois miligramas da hormona por dia, enquanto os tecidos periféricos, como os linfócitos, a mama e o cólon, produzem GH não pituitária que é identificada através do mesmo recetor de GH (GHR). A GH é composta por quatro hélices antiparalelas que são necessárias para a interação funcional com o recetor de GH e três pequenas hélices que estão envolvidas na ligação ao seu recetor [23,24].

A secreção de GH ocorre num padrão pulsatório e rítmico, com a libertação máxima a ocorrer na segunda metade da noite. Como resultado, o sono é um componente fisiológico chave que promove a libertação de GH. De forma notável, os níveis máximos de GH ocorrem poucos minutos após o início do sono de ondas lentas. A hormona libertadora da hormona do crescimento (GHRH) estimula a libertação de GH, enquanto a somatostatina a inibe. O género, a idade, a puberdade, a alimentação, o jejum, o sono, o exercício e a composição corporal influenciam a libertação da hormona do crescimento [25].

O PG produz dois produtos: 22kDa-GH (a forma principal da GH hipofisária) e 20kDa-GH. A placenta expressa a variante da hormona do crescimento (GH-V), também conhecida como GH placentária, que é segregada na corrente sanguínea da mãe durante a gravidez, substituindo gradualmente a GH hipofisária à medida que a gravidez avança, é outra forma de GH [26].

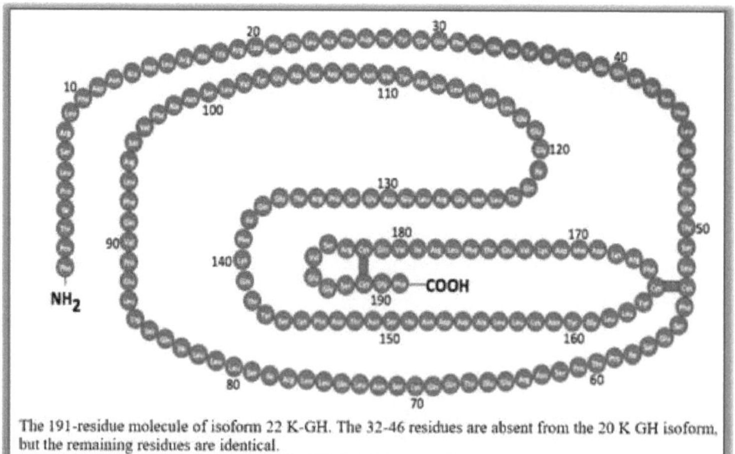

The 191-residue molecule of isoform 22 K-GH. The 32-46 residues are absent from the 20 K GH isoform, but the remaining residues are identical.

A molécula de 191 resíduos da isoforma 22 K-GH. Os resíduos 32-46 estão ausentes da isoforma 20 K GH, mas os restantes resíduos são idênticos.

Figura 1-4: Hormona do crescimento [27].

1.2.2. Regulação da secreção de GH

A secreção de GH é controlada através de hormonas periféricas (grelina e fator de crescimento semelhante à insulina [IGF-1]) e centrais (hormona libertadora de GH [GHRH] e somatostatina [SST]), conforme ilustrado na figura (1-5). As duas hormonas neuropeptídicas produzidas pelo hipotálamo, a GHRH (estimuladora) e a SST (inibidora), são os principais reguladores da GH. A secreção de GH é significativamente estimulada pela hormona grelina, que é libertada pelo estômago, ao passo que o IGF-1, que é libertado pelo fígado, inibe a secreção de GH ao promover a libertação de SST. A GH também regula a sua própria secreção através de regulação autócrina via receptores de GH dos somatotrofos. Para além dos factores acima mencionados, outros factores que influenciam a secreção de GH incluem o stress, os ácidos gordos livres (AGL), a glicose, o hipotiroidismo, a obesidade e a senescência, todos eles reduzindo a secreção de GH, enquanto a dopamina, o exercício, o péptido libertador de GH, a histamina, a hipoglicemia, a serotonina e o jejum aumentam a secreção de GH [28].

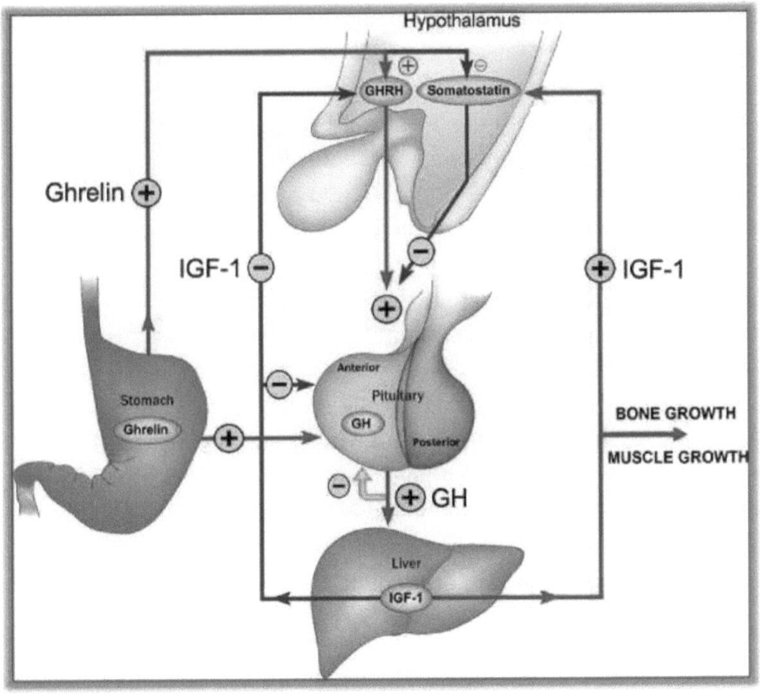

Figura 1-5: Regulação da secreção de GH [28].

1.2.3. Acções do GH

A GH é essencial no crescimento de um indivíduo desde a infância até à adolescência e início da idade adulta [29]. Além disso, é importante no metabolismo, homeostase muscular, óssea e pulmonar, reprodução, alterações fisiológicas e patológicas relacionadas com a idade, resposta imune, resistência a quimioterápicos e desenvolvimento neoplásico [30,31]. As acções da GH começam quando a GH se liga ao recetor de GH (GHR) presente nos tecidos alvo. A sua ligação promove o fígado a produzir IGF-1 [31-33].

Na corrente sanguínea, a GH circula livremente ou associa-se à GHBP (proteína de ligação da GH) [34]. A GH actua tanto diretamente através dos seus receptores como de forma indireta através da indução da síntese de IGF-1. As suas acções combinadas promovem o crescimento ou podem ser antagónicas, como no caso do impacto no metabolismo da glicose [25]. Exceto no tecido adiposo, que tem um efeito catabólico que resulta na decomposição de triglicéridos conservados em AGL, a GH estimula um efeito anabólico na maioria dos tecidos [35]. A GH aumenta principalmente a libertação e a oxidação de AGL durante o jejum e outras condições catabólicas, o que resulta numa redução da oxidação da glicose e das proteínas e da captação de glicose. Além disso, aumenta a capacidade do fígado e dos rins para produzir glicose através da gluconeogénese e da glicogenólise, enquanto que, no caso de pessoas bem alimentadas, a promoção induzida pela GH do IGF-1 e da insulina é necessária para o anabolismo dos tecidos [36-38]. A sinalização crónica da GH reduz os efeitos da insulina no metabolismo da glicose, resultando em resistência à insulina, hiperinsulinemia e potencial para diabetes [39,40]. Quando existe um excesso de GH, este estimula a retenção de azoto juntamente com o IGF-1 e a insulina [41].

1.3.Fator de crescimento semelhante à insulina-1 (IGF-1)

O IGF-1 pertence a um grupo de factores de crescimento cuja estrutura é muito semelhante à da pró-insulina. O IGF-1, a forma adulta, e o IGF-2, a principal forma fetal, são os dois membros da família dos péptidos. O IGF-1 pode ligar-se aos receptores de insulina e activá-los devido à sua semelhança [42]. O IGF-1 ou somatomedina C é um peptídeo linear com 70 aminoácidos (massa molecular de 7,66 kDa) e três pontes S-S, como ilustrado na figura (1-6), cerca de 98% acoplado a uma proteína de transporte [43,44]. Os IGFs estão normalmente ligados às IGFBPs nos fluidos corporais. Existem seis proteínas de ligação ao fator de crescimento semelhante à insulina (IGFBPs) que se ligam aos IGFs com elevada afinidade (IGFBP-1 a -6) [45]. Cerca de 80% do IGF-1 em circulação está ligado ao complexo da proteína de ligação do IGF (150 kDa), que consiste na IGFBP-3 e numa subunidade ácido-lábil [46].

Em resposta à GH, o fígado produz principalmente IGF-1, que medeia alguns dos efeitos da GH. Num ciclo de feedback negativo, o IGF1 circulante inibe a secreção hipofisária de GH. O IGF-1, que é necessário para o crescimento pré-natal e pós-natal, apesar de ser produzido principalmente no fígado, também é expresso em quase todos os órgãos e actua de forma autócrina e parácrina [32,47]. O IGF-1 regula o crescimento celular, promovendo a sobrevivência das células através de acções anti-apoptóticas, enquanto noutros casos estimula a proliferação de células cancerígenas ou a expansão dos adipócitos. Além disso, o IGF-1 desempenha um papel fisiológico na via metabólica.

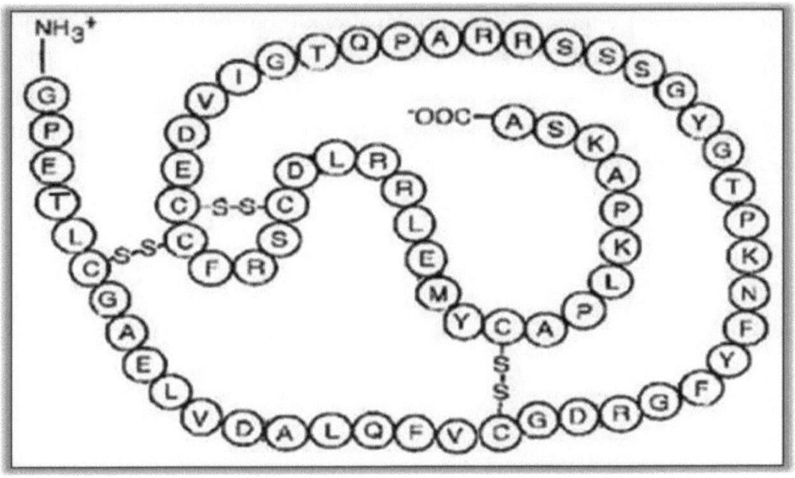

Figura 1-6: Fator de crescimento semelhante à insulina [49].

1.3.1. Ação do IGF-1

A ação do IGF-1 é iniciada pela sua ligação ao recetor do IGF-1 [50]. O IGF-1 tem uma variedade de funções, incluindo as relacionadas com o desenvolvimento e crescimento dos tecidos, ação semelhante à da insulina, proliferação, pró-sobrevivência, anti-envelhecimento, proteção antioxidante e efeitos neuroprotectores [51]. O IGF-1 é importante para o controlo da rede imunitária. Além disso, é caracterizado como um modificador da função imunitária [52]. No sistema cardiovascular, o IGF-1 tem uma vasta gama de efeitos que afectam a vasorelaxação, o equilíbrio metabólico, a hipertrofia e a contratilidade cardíacas, a morte celular programada, a autofagia e as acções antioxidantes. Estudos recentes mostram que o IGF-1 diminui o peso da aterosclerose [53,54]. Um estudo recente demonstrou que o IGF-1 promove a diferenciação dos osteoblastos, a secreção de colagénio e a mineralização da matriz óssea [55]. A sinalização IGF1 é importante para regular o tempo de vida e o envelhecimento [48].

1.4. Acromegalia

A acromegalia (ACRO) é uma síndrome hormonal complexa e rara, classificada como uma doença crónica caracterizada por níveis elevados de GH e, consequentemente, de IGF-1, geralmente causada por um adenoma hipofisário secretor de GH. Provoca impactos multissistémicos, especialmente no sistema osteoarticular, nos músculos, no cérebro, no coração e nos vasos sanguíneos, no sistema respiratório e hematopoiético, nos rins, no fígado e no pâncreas, na tiroide, no tecido adiposo e no sistema metabólico. A ACRO também causa disfunção sexual [56-61].

Esta doença pouco comum ocorre principalmente em pessoas na idade adulta. Se não for tratada, pode causar doenças graves e, por conseguinte, reduzir a esperança média de vida [62,63]. Quando há um excesso de GH na infância, provoca gigantismo [64]. Esta patologia ocorre em 40 a 70 pessoas por milhão de pessoas, em média [65].

Figura 1-7: Acromegalia Oro-maxilo-facial [66].

1.4.1. Tipos e etiologia da ACRO

❖ Origem hipofisária ACRO^ (Mais comum), os tumores hipofisários secretores de GH desenvolvem-se a partir de somatotrofos [67].

❖ ACRO ectópica^ (Extremamente rara), causada pela produção excessiva de hormona libertadora de GH ou, menos frequentemente, de GH não pituitária. Esta produção excessiva é maioritariamente devida a tumores neuroendócrinos, que se encontram frequentemente no timo, pâncreas, pulmão e hipotálamo [57,68].

1.4.2. Sinais, sintomas e complicações

Como o adenoma hipofisário é a causa mais comum de ACRO e como se desenvolve lentamente, os sintomas e as caraterísticas clínicas causadas pela GH elevada geralmente levam vários anos para serem descobertos [69]. A separação dos dentes, a fraqueza e a diminuição ou ausência de desejo sexual em ambos os sexos (causada pelo tumor da hipófise) também são notadas em pacientes com ACRO [70-72].

Existem diferenças de género na ocorrência de vários sintomas. As mulheres são mais propensas do que os homens a sofrer de nódulos da tiroide, compressão do nervo mediano, dores de cabeça e obstipação, ao passo que os homens são mais propensos a sofrer de apneia do sono, prognatismo, insuficiência cardíaca congestiva e problemas de ereção (versus desidratação vaginal nas mulheres) [73].

Embora as manifestações externas visíveis mais óbvias da doença sejam o aumento das extremidades e as caraterísticas faciais, os doentes com acromegalia também apresentam uma vasta gama de comorbilidades e complicações adicionais, incluindo problemas com os sistemas cardiovascular, metabólico, endócrino, gastrointestinal, respiratório e esquelético. Para além disso, a presença de um tumor hipofisário pode ter efeitos locais nos tecidos circundantes [57], conforme ilustrado na figura (1-8).

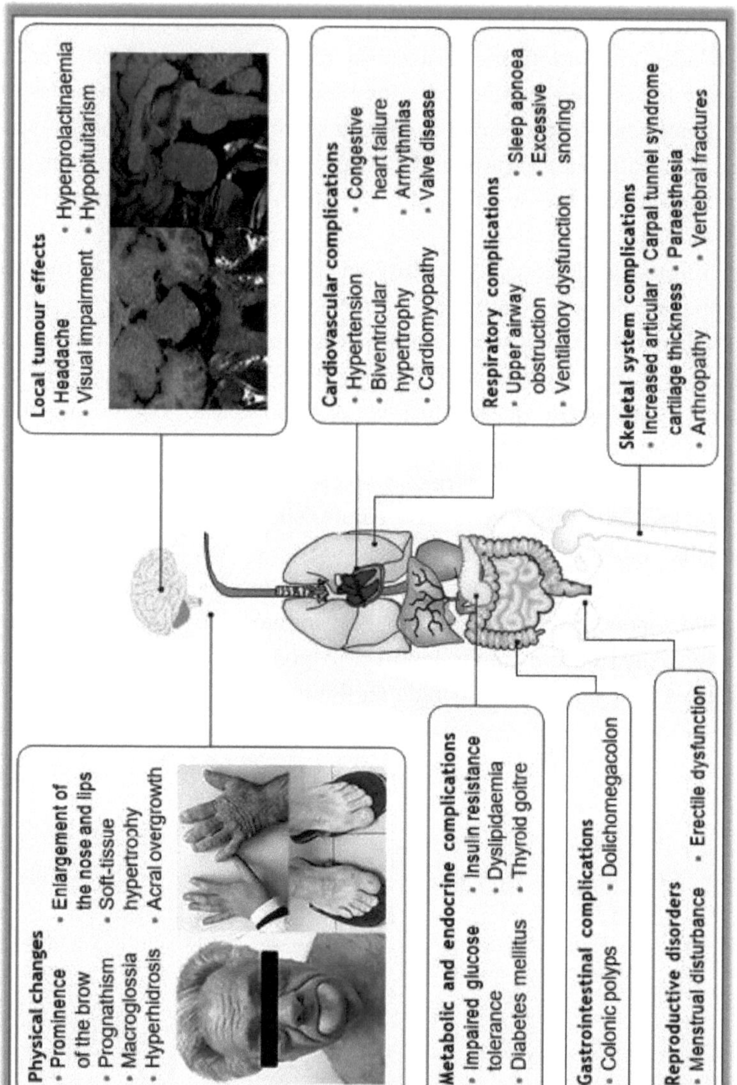

Figura 1-8: Caraterísticas clínicas primárias da acromegalia [57].

1.4.3. Diagnóstico

A identificação precoce das ACRO é fundamental para a eficácia do tratamento, no entanto, ocorrem atrasos no diagnóstico porque os sintomas podem sobrepor-se a outras condições patológicas prevalecentes. Além disso, as manifestações clínicas das ACRO progridem de forma gradual e lenta. O atraso no diagnóstico pode estar associado a uma maior incidência de comorbilidades, resultando num aumento da mortalidade [73,74]. Os doentes com artropatias não específicas da idade, diabetes, problemas cardíacos e hipertensão devem ser monitorizados para detetar potenciais indicações de ACRO, o que pode acelerar o diagnóstico precoce, que por sua vez ajuda a aumentar as hipóteses de uma recuperação completa [63].

Os testes bioquímicos utilizados no diagnóstico da ACRO:

❖ Medição da GH sérica

Para diagnosticar a ACRO, os níveis de GH e IGF-1 são os testes mais importantes [75]. Embora frequentemente utilizados, os níveis aleatórios de GH ainda não são fiáveis para o diagnóstico de ACRO. O diagnóstico de ACRO não pode ser feito com certeza usando os níveis médios de GH, que são usados rotineiramente para avaliar o estado do GH [76].

❖ Medição do IGF-1 sérico

O GF-1 é um marcador biológico sensível para o diagnóstico e acompanhamento de doentes com ACRO [77]. Concentrações elevadas de IGF-I estão associadas à gravidez, à adolescência e à fase pós-púbere. A concentração de IGFBP3, a principal proteína transportadora de IGF, está frequentemente elevada em doentes com ACRO. No entanto, este marcador não fornece muitas informações de diagnóstico adicionais [78].

❖ GH durante o teste oral de tolerância à glucose

O principal teste de diagnóstico para a hipersecreção de GH é o OGTT. Após um jejum noturno, 75 a 100 g de glucose oral suprimem a GH sérica. Durante as duas horas seguintes, são colhidas amostras de sangue a cada 30 minutos. A incapacidade de reduzir a GH para < 1 ng/mL usando um ensaio altamente sensível é indicativa de ACRO [79,80] .

A ressonância magnética (RM) da hipófise é utilizada para confirmar a presença de um tumor depois de o diagnóstico ter sido confirmado bioquimicamente. A probabilidade de hiperplasia somatotrófica relacionada com um tumor ectópico secretor de GHRH, que ocorre mais frequentemente no pulmão ou no pâncreas, deve ser tida em conta se não for detectado qualquer tumor na RM. Estes tumores ocorrem em < 1% dos doentes com ACRO, e os níveis séricos de GHRH podem ser usados para confirmar o diagnóstico [81].

1.4.4. Tratamento

❖ Cirurgia

O tratamento de primeira linha para os doentes com ACRO é a cirurgia transesfenoidal para o tumor hipofisário [82].

❖ Terapia medicamentosa

Para os doentes com ACRO que não são tratados cirurgicamente ou que não querem ou não podem ser submetidos a anestesia geral, existe uma variedade de terapias farmacológicas [83].

❖ Radioterapia

Quando a medicação e/ou o tratamento cirúrgico não conseguem estabelecer o controlo bioquímico da doença, a radioterapia (tradicional e/ou radiocirurgia) é uma opção terapêutica eficaz para os doentes com ACRO [84,85].

1.5.Diabetes mellitus

A diabetes mellitus (DM) é um conjunto de doenças metabólicas causadas por uma quantidade e/ou função insuficiente de insulina, em consequência, a insuficiência de insulina causa hiperglicemia crónica e perturbações no metabolismo dos hidratos de carbono, lípidos e proteínas [86-88]. Os lípidos contribuem para a patogénese, fisiopatologia e complicações da DM [89]. Estima-se que, em 2017, a diabetes afectava 451 milhões de indivíduos a nível mundial com idades compreendidas entre os 18 e os 99 anos, tendo sido responsável por quase 5 milhões de mortes a nível mundial entre pessoas com idades compreendidas entre os 20 e os 99 anos. O metabolismo da glicose torna-se disfuncional quando a insulina é insuficiente (DM1) ou os tecidos-alvo são resistentes à ação da insulina (DM2). Quando os níveis de glicose no sangue aumentam, as células β que produzem a insulina libertam-na, o que leva o fígado e a maioria das outras células do corpo a começar a absorver a glicose. A partir da glicose, são produzidas proteínas, triglicéridos e glicogénio. Se os níveis de glicose no sangue baixarem, o fígado é estimulado a libertar glicose através da libertação de glucagon pelas células alfa. A decomposição do glicogénio e a criação de glicose a partir de aminoácidos e ácidos gordos libertam glicose [91].

1.5.1. Tipos e causas de DM

❖ Diabetes Mellitus Tipo 1 (DM1):

Causada pela destruição autoimune das células beta, resultando em insuficiência absoluta de insulina. A DM1 é responsável por 5% a 10% de todos os casos de diabetes.

❖ Diabetes Mellitus tipo 2 (T2DM):

A diabetes não insulino-dependente era o termo anteriormente utilizado para caraterizar a DMT2. Não se trata de uma falta total de insulina, mas sim de uma hiperglicemia acompanhada de uma relativa insuficiência de insulina. A maioria dos casos de diabetes (90 a 95%) são T2DM. Os indivíduos com excesso de peso e mais velhos constituem a maior parte das pessoas com este tipo de diabetes. Os diagnósticos de DMT2 entre adolescentes e crianças estão a tornar-se mais elevados do que nunca.

❖ Diabetes mellitus gestacional (GDM):

A diabetes que é diagnosticada no 2º ou 3º trimestre de gestação e que não era óbvia antes da gravidez é conhecida como DMG. Tipos de diabetes causados por outras razões:

Doenças do pâncreas exócrino, como a fibrose quística e a pancreatite, síndromes de diabetes monogénicas, como a diabetes neonatal e a diabetes juvenil de início na maturidade (MODY), diabetes induzida por medicamentos ou produtos químicos, como a resultante de glucocorticóides, ou após transplante de órgãos [92,93].

1.5.2. Sinais e sintomas de DM

❖ Sede extrema, ou polidipsia.

❖ A fome excessiva, ou polifagia, é normalmente um sintoma de DM1 e não de DM2.

❖ Excesso de urina, ou poliúria [93].

❖ Aumento de peso: Pode ser causado por polifagia (sintoma anterior).

❖ Perda de peso invulgar.

❖ Aumento da exaustão [94].

❖ Outros sintomas incluem dores de cabeça, visão turva, cicatrização lenta de feridas e comichão na pele [86].

1.5.3. Diagnóstico de DM

Os diagnósticos laboratoriais da diabetes são a hemoglobina glicosilada A1c, a glucose plasmática em jejum e o teste oral de tolerância à glucose, conforme ilustrado na figura (1-9). Qualquer um destes parâmetros tem de ser verificado num dia diferente para fazer o diagnóstico de DM [95].

Diagnóstico laboratorial da diabetes

Estado glicémico	Hemoglobina glicosilada Ale	Glicose plasmática em jejum	Teste oral de tolerância à glucose, 2 horas
Normal	<5.6%	<99 mg/dL (5,5 mmol/L)	<148 mg/dL (7,7 mmol/L)
Pré-diabetes	5.7%-6.4%	>100-125 mg/dL (5,6 6,9 mmol/L)	149-199 mg/dL (7,8-11,0 mmol/L)
Diabetes	>6.5%	>126 mg/dL (7 mmol/L)	£200 mg/dL (11,1 mmol/L)

Figura 1-9: Diagnóstico laboratorial do DM [95].

1.5.4. Tratamentos da DM

A diabetes é uma doença crónica, pelo que o tratamento se centra na manutenção dos níveis de glucose no sangue tão próximos do normal (normoglicemia) quanto possível, evitando a hipoglicemia. Isto é normalmente conseguido através de uma dieta equilibrada, um estilo de vida saudável, exercício físico e a utilização de medicamentos adequados, insulina na situação de DM1 e medicamentos orais, por vezes com insulina, na situação de DM2 [86].

1.5.5. Diabetes mellitus e Acromegalia

A diabetes é uma complicação comum da ACRO, com uma incidência que varia entre 20 e 53% [96,97]. Quando se trata de ACRO, a DM é uma preocupação médica evidente. A principal causa do comprometimento do metabolismo da glucose na ACRO é a resistência à insulina, que é provocada pela exposição prolongada a GH elevada e aos seus mediadores, mas também pode ser um efeito secundário do tratamento da ACRO [98,99]. A ACRO é um estado incomum de alta resistência à insulina com baixa gordura corporal. A resistência à insulina é um fator significativo na evolução das complicações da ACRO [100]. A GH tem impactos fisiológicos no metabolismo da glicose, diretamente, ao promover a gluconeogénese, glicogenólise e lipólise, bem como ao desenvolver resistência à insulina no fígado e tecidos periféricos, indiretamente, ao estimular o IGF-1, que facilita a ação da insulina [101], como se pode ver na figura (1-10). O grau de comprometimento do metabolismo da glicose na ACRO está positivamente associado à atividade da doença e é normalmente restaurado após o tratamento com ACRO [100]. A diabetes na ACRO pode influenciar a seleção de terapias de redução da GH, bem como aumentar a mortalidade e a morbilidade. O metabolismo da glucose pode ser afetado por vários tratamentos para a ACRO. Embora geralmente semelhante à gestão da DM2, a gestão da DM com ACRO pode ter caraterísticas invulgares, em particular as relacionadas com medicamentos [102].

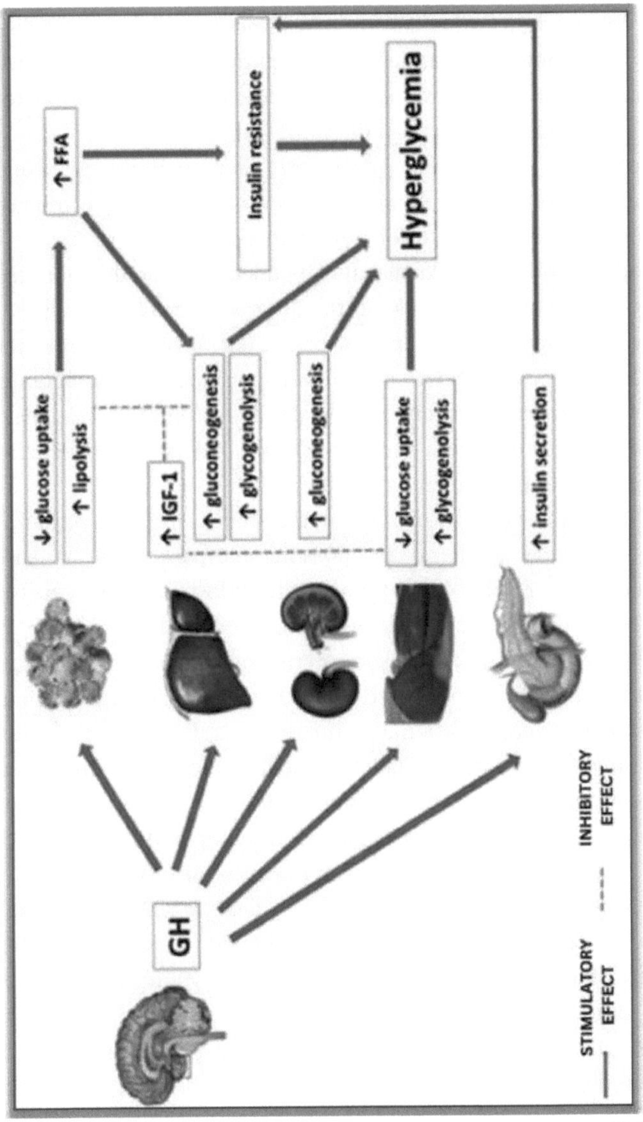

Figura 1-10: Efeitos da GH no metabolismo da glucose [101].

1.6.Perfil lipídico

Os lípidos, também conhecidos como gorduras, são compostos químicos vitais para o corpo humano. Os lípidos necessitam de proteínas transportadoras para serem transportados, uma vez que, ao contrário das proteínas e dos hidratos de carbono, são insolúveis na água, mas dissolvem-se em solventes orgânicos. O organismo contém uma grande variedade de lípidos. Os esteróides, os fosfolípidos e os triglicéridos são os três principais tipos de lípidos [103]. Os lípidos são uma fonte de energia e fazem parte das membranas celulares. No entanto, foram identificadas outras funções adicionais e é atualmente evidente a sua importância para a manutenção da saúde humana [104].

O colesterol é um componente necessário das membranas celulares e um substrato para a produção de vitamina D, ácidos biliares e hormonas esteróides [105]. A homeostase do colesterol é fundamental para os processos celulares e sistémicos adequados [106]. Apenas uma pequena porção do colesterol, cerca de 15%, é proveniente da alimentação; o fígado produz os restantes 85% [103].

Os triglicéridos (TG) são produzidos pela esterificação de três moléculas de ácidos gordos com os três grupos hidroxilo presentes na molécula de glicerol. Os triglicéridos provêm principalmente de duas fontes: endógena e exógena [108]. Os TGs desempenham uma função crucial na transferência de ácidos gordos e no fornecimento de energia [109].

As lipoproteínas são complexos macromoleculares que transportam os TG e o colesterol, bem como as vitaminas lipossolúveis, para todo o organismo. Com base na sua densidade relativa, as lipoproteínas plasmáticas são classificadas em cinco classes principais: quilomícrons, lipoproteínas de densidade muito baixa (VLDLs), lipoproteínas de densidade intermédia (IDLs), lipoproteínas de baixa densidade (LDLs) e lipoproteínas de alta densidade (HDLs). A quantidade de lípidos presentes em cada partícula de lipoproteína determina a sua densidade. A lipoproteína mais pequena e de maior densidade é a HDL, enquanto as partículas de lipoproteína maiores e de menor densidade são os quilomícrons e as VLDL. Os quilomícrons ou as VLDL transportam a maior parte dos TGs plasmáticos, enquanto as LDL e as HDL transportam a maior parte do colesterol plasmático como ésteres de colesterilo [110]. Níveis elevados de LDL no sangue aumentam o risco de desenvolver doença vascular devido à ação de acumulação de colesterol do LDL na parede dos vasos sanguíneos, enquanto níveis elevados de HDL estão associados a um risco menor. Ao utilizar o transporte reverso do colesterol, o HDL pode retirar o colesterol da placa de aterosclerose [108,111].

Um perfil lipídico alterado está presente em mais de um terço dos doentes com ACRO. Um perfil lipídico anormal, incluindo o aumento dos TG e níveis mais baixos de HDL, juntamente com a existência de mais partículas aterogénicas de LDL, é o resultado de uma desordem metabólica lipídica provocada por excesso de GH e IGF-1 [97]. A lipólise elevada e a diminuição da gordura corporal estão ligadas à GH elevada na ACRO [112].

A diabetes é frequentemente acompanhada de dislipidemia. Uma das comorbilidades mais prevalentes da hiperlipidemia é a DMT2. A obesidade e a resistência à insulina trabalham em conjunto para criar dislipidemia, e tanto a hiperlipidemia como a hiperglicemia aumentam o risco de doença cardiovascular [113]. Na diabetes, TG e LDL elevados e HDL diminuído são anomalias frequentes dos lípidos [114].

1.7.O objetivo do estudo

- Níveis de Arginase em doentes com ACRO com e sem diabetes.
- Níveis de GH e IGF-1 em pacientes com ACRO com e sem diabetes.
- Níveis de glucose em doentes com ACRO com e sem diabetes.
- Níveis do perfil lipídico em doentes com ACRO com e sem diabetes.
- Níveis de ureia sérica em doentes com ACRO com e sem diabetes.
- Correlação entre Arginase e (GH, perfil lipídico, glicose).

CAPÍTULO 2

Materiais e métodos

2.1.Produtos químicos e kits

As Tabelas 2-1 e 2-2 listam, respetivamente, todos os produtos químicos e Kits utilizados durante o presente estudo, bem como as empresas que os forneceram.

Tabela 2-1: A lista de produtos químicos utilizados no estudo.

Não.	Produtos químicos e sua fórmula		Fornecedor /País
1	Ácido acético	$CH3COOH$	J.T.Baker / EUA
2	Barbitona de sódio	$C_8 H11N2NaO3$	BDH / Inglaterra
3	Ácido clorídrico	HCl	Scharlau / Espanha
4	L-Arginina de monocloreto | C6H15QN4O2		Riedel-de Haen AG / Alemanha
5	Monocloridrato de L-Ornitina	C5H12N2O2.HCl	CDH / Índia
6	Cloreto de manganês tetra-hidratado	MnCl2.4H2O	BDH / Inglaterra
7	Ninidrina | C6H4(CO)2C(OH)2		
8	Ácido fosfórico	H3PO4	Sigma-Aldrich / Alemanha
9	Hidróxido de sódio | NaOH		BDH / Inglaterra
10	Ácido tricloroacético (TCA)	C2HCl3O2	Sigma-Aldrich / Alemanha

Tabela 2-2: A lista de kits utilizados no estudo.

Não.	Kit	Empresa / País
1	Kit GH Kit IGF-1	DRG (Alemanha)
2	Kit de colesterol Kit de glicose Kit de colesterol HDL Kit de triglicéridos	Biolabo (França)
3	Kit de ureia	Labkit (Espanha)

2.2.Instrumentos

O quadro 2-3 enumera os instrumentos utilizados durante o presente estudo, bem como as empresas que os forneceram.

Tabela 2-3: A lista dos instrumentos utilizados no estudo.

Não.	Instrumentos	Empresa / País
1	Analisador automático	Kenza240 TX (França)
2	Centrifugadora	HERMLE / Alemanha
3	Congelador	Concórdia (Líbano)
4	Agitador magnético	MSH300 (China)
5	Sistema Micro ELISA (máquina de lavar e leitor)	Thermo (Alemanha)
6	Medidor de pH	HANNA Instrument (China)
7	Frigorífico	VESTEL (Turquia)

8	Equilíbrio sensível	Sartorius (Alemanha)
9	Espectrofotómetro visível	PD-303 APEL (Japão)
10	Banho de água	HERMLE (Coreia)

2.3.Sujeitos e conceção do estudo

Neste estudo, participaram 80 doentes. 40 doentes com acromegalia (20 do sexo masculino e 20 do sexo feminino) e 40 doentes com acromegalia e diabetes como comorbilidade (19 do sexo masculino e 21 do sexo feminino), com idades compreendidas entre os 25 e os 65 anos, foram obtidas amostras no Centro Nacional de Diabetes da Universidade de Mustansiriyah, em Bagdade, entre julho de 2022 e outubro de 2022. 40 controlos saudáveis (20 homens e 20 mulheres) também participaram neste estudo.

2.4.Recolha de amostras de sangue

Foram extraídos dez mililitros de sangue através de punção venosa com seringas descartáveis e colocados num tubo de gel para cada indivíduo. As amostras de sangue foram recolhidas entre as 8:00 e as 11:00 horas da manhã, após um jejum de 8 a 10 horas. A amostra de sangue foi centrifugada numa centrífuga de 1500xg durante 10 minutos após a colheita. Até ao momento da análise, o soro colhido foi conservado a -20 °C.

2.5.Critérios de exclusão

Os doentes com acromegalia, insuficiência renal, doença cardiovascular, hipertensão e outras doenças endócrinas foram excluídos do nosso estudo.

2.6. Plano do estudo

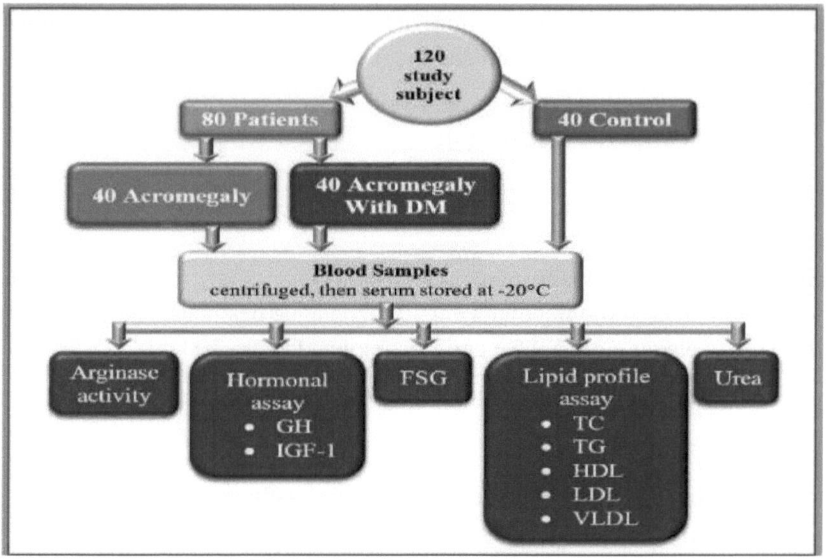

Figura 2-1: Plano do estudo.

2.7.Índice de Massa Corporal (IMC)

A seguinte equação foi utilizada para calcular o índice de massa corporal (IMC).

$$BMI = \frac{\text{Weight (Kg)}}{\text{Height } (m^2)}$$

De acordo com o seu IMC, a Organização Mundial de Saúde (OMS) divide as populações adultas nos seguintes grupos, como indicado no quadro abaixo [115]:

Quadro 2-4: Classificações do IMC

BMI (kg/m^2)	Weight Status
< 18.4 kg/m^2	Underweight
18.5 – 24.9 kg/m^2	Normal weight
25.0 – 29.9 kg/m^2	Overweight
≥ 30.0 kg/m^2	Obese

2.8.Determinação da atividade da arginase

❖ **Princípio**

A quantidade de ornitina produzida é utilizada para avaliar a atividade enzimática utilizando a reação de Chinard, com base no princípio de que apenas a ornitina e a prolina produzem um produto vermelho com ninidrina, com absorvância máxima a 515 nm, na presença de ácido acético concentrado. A ureia não tem qualquer efeito na formação da cor, mesmo em concentrações várias vezes superiores às encontradas no soro [116].

❖ **Reagentes**

❖ **200 mM de arginina (substrato):**

2,1 g de monocloridrato de L-arginina liquefeito em 40 ml de água destilada, NaOH (0,1 M) foi utilizado para elevar o pH a 7,5 e depois completado para 50 ml.

Barbitona sódica 0,1 M (tampão):

2 g de barbitona de sódio liquefeita em 20 ml de água destilada, HCl (0,1 M) foi utilizado para elevar o pH a 9,5 e depois completado para 100 ml.

❖ **50 mM MNCL2 (ativador):**

0,9 g de MnCl2.4H2O liquefeito em água destilada e completado a 100 ml.

❖ **20% (p/v) TCA:**

20 g de TCA liquefeito em água destilada e completado para 100 ml.

❖ **Reagente de ninidrina:**

0,25 g de ninidrina liquefeita na mistura [6 M H3PO4 (4 ml) e ácido acético glacial (6 ml)]. A solução mantém-se estável até 1 dia.

❖ **Ácido acético glacial.**

♦♦♦ **Procedimento**

Conteúdo	Teste	Controlo	Em branco
Tampão (gL)	500	500	1000
Substrato (LIL)	100		100
Ativador (µl.)	100	100	100
Soro (gL)	500	500	
Misturar e incubar a 37 °C durante 30 min.			
TCA (gL)	1300	1300	1300
Substrato (gL)		100	
As proteínas precipitadas foram centrifugadas após 1 minuto num banho de água a ferver.			
Sobrenadante (gL)	2000	2000	2000
Ácido acético glacial (gL)	2000	2000	2000
Ninidrina (gL)	1000	1000	1000
1 hora num banho de água a ferver			

A absorvância foi determinada a 515 nm e a quantidade de ornitina foi calculada utilizando a curva padrão.

♦♦♦ **Cálculo**

A atividade da arginase é então estimada através da seguinte fórmula:

Arginase units = µg of ornithine (test-control) * 0.505

1.1.1. Curva padrão de ornitina

Um ml de uma solução de reserva (contendo 0,3 g de ornitina em 100 ml de tampão de barbitona) foi diluído para 50 ml para conter 60 µg de ornitina /ml. Foram adicionados 100, 200, 300, 400 e 500 µL da solução diluída de ornitina a cinco tubos e o volume foi então ajustado para 500 µL com água destilada. Em seguida, a 500 µL de cada diluição, foram adicionados 500 µL de tampão, 100 µL de solução de arginina, 100 µL de MnC12 e 1300 µL de TCA. Num tubo de ensaio de vidro com tampa de rosca, foram colocados 2 mL de cada amostra e adicionados 2 mL de ácido acético glacial e 1 mL de reagente de ninidrina. Após uma hora num banho de água a ferver, os tubos são arrefecidos e a absorvância é medida a 515 nm.

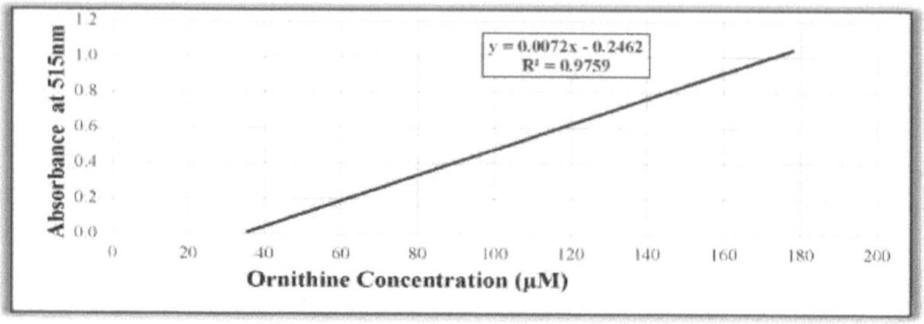

Figura 2-2: Curva-padrão da ornitina.

2.9.Ensaio Hormonal

2.9.1. Determinação da GH sérica

♦♦♦ **Princípio**

O DRG HGH Kit foi criado com base no princípio do ensaio de imunoabsorção enzimática em fase sólida (ELISA). A técnica de teste utiliza (um anticorpo monoclonal de ratinho anti-HGH em peroxidase de rábano (a solução conjugada anticorpo-enzima) e um anticorpo anti-GH de carneiro para poços de microtitulação (imobilização em fase sólida)). Quando se permite que a amostra e os anticorpos reajam simultaneamente, as moléculas de HGH são colocadas entre a fase sólida e os anticorpos ligados à enzima. Os poços foram limpos com água para eliminar os anticorpos marcados não ligados, após um período de incubação de 45 minutos à temperatura ambiente. Foi adicionada uma solução de TMB e, após 20 minutos, a mistura foi incubada, desenvolvendo uma cor azul. Ao adicionar HCL 1N, o desenvolvimento da cor foi interrompido, mudando para amarelo, que foi então detectado espectrofotometricamente a 450 nm. A intensidade da cor da amostra e a concentração de HGH eram diretamente proporcionais. O nível de GH foi expresso em nanogramas por mililitro (ng/mL).

2.9.2. Determinação do IGF-1 sérico

♦♦♦ **Princípio**

O kit DRG IGF-1 era um ensaio de imunoabsorção enzimática (ELISA) que utiliza uma fase sólida e se baseia no conceito de ligação competitiva. Antes do procedimento de ensaio, a amostra, o padrão e o controlo foram acidificados e neutralizados. Um anticorpo monoclonal que cobre os poços de microtitulação foi dirigido contra uma região antigénica da molécula de IGF-1. A amostra recentemente pré-tratada foi incubada com IGF-1 biotinilado (conjugado) à temperatura ambiente. Após a lavagem dos poços, foi adicionado um complexo enzimático estreptavidina-HRP para incubação. A intensidade da cor que se desenvolve após a adição da solução de substrato é inversamente proporcional à quantidade de IGF-1 presente na amostra. O nível de IGF-1 foi expresso em ng/mL.

2.10. Determinação do FSG

♦♦♦ Princípio

As seguintes reacções aquosas constituem a base das abordagens colorimétricas para a medição da glucose através do método da oxidase:

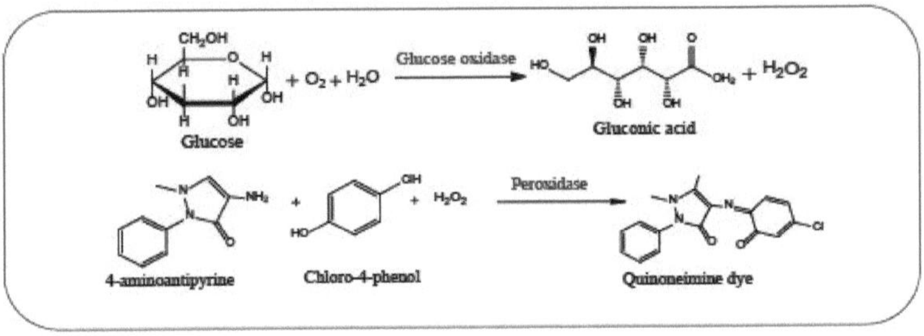

A 500 nm, a absorvância do complexo colorido é proporcional à concentração de glucose na amostra [117].

Procedimento

	Em branco	Calibrador	Soro
Reagente	1 ml	1 ml	1 ml
Calibrador		10 gL	
Soro			10 gL

Depois de bem misturados, os tubos foram mantidos a 37°C durante 10 minutos. A absorvância de cada tubo foi medida num comprimento de onda de 500 nm em relação à solução em branco.

♦♦♦ Cálculo

$$\frac{A_{Sample}}{A_{Calibrator}} * C_{Calibrator}\left(\frac{100mg}{dL}\right) = \frac{mg}{dL}Glucose$$

2.11. Ensaio do perfil lipídico

2.11.1. Determinação da CT sérica

♦♦♦ Princípio

A abordagem enzimática foi descrita por Allain et al. O esquema de reação está representado abaixo [118]:

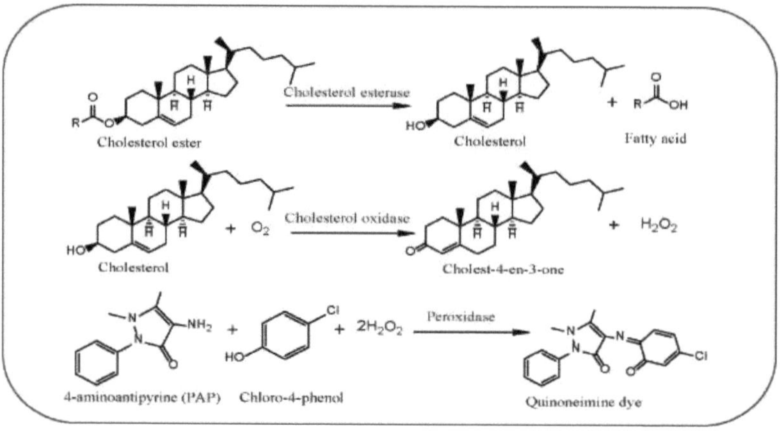

Procedimento

	Em branco	Padrão	Soro
Reagente	300 μT	300 μT	300 μT
Padrão		3 μT	
Soro			3 μT

As misturas acima mencionadas foram bem misturadas durante 5 minutos a 37°C antes de a absorvância da amostra ser medida a 505 nm contra a solução em branco.

Cálculo

$$\frac{A_{Sample}}{A_{Standard}} * C_{Standard}\left(\frac{200mg}{dL}\right) = \frac{mg}{dL} Cholesterol$$

2.11.2. Determinação dos TGs

♦♦♦ Princípio

Fossati e Prencipe descreveram a abordagem enzimática. O esquema de reação é apresentado a seguir [119].

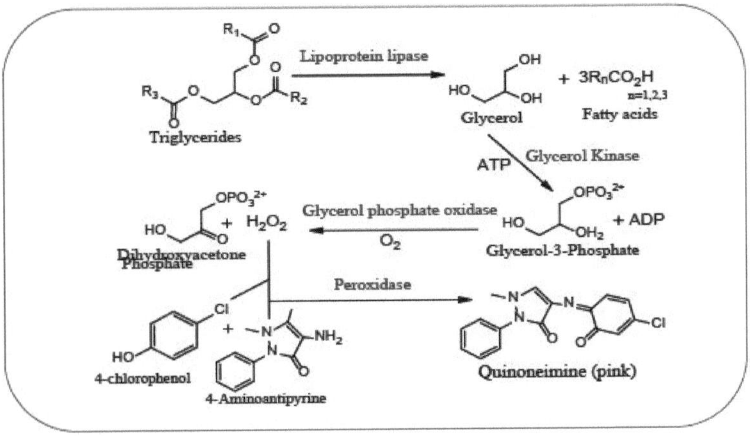

Procedimento

	Em branco	Padrão	Soro
Reagente	300 µT	300 µT	300 µT
Padrão		3 µT	
Soro			3 µT

As misturas acima mencionadas foram bem misturadas e os tubos foram mantidos a 37°C durante 5 minutos antes de a absorvância da amostra ser medida a 505 nm contra a solução em branco.

♦♦♦ **Cálculo**

$$\frac{A_{Assay}}{A_{Standard}} * C_{Standard}\left(\frac{200mg}{dL}\right) = \frac{mg}{dL} Triglycerides$$

2.11.3. Determinação do HDL

♦♦♦ **Princípio**

A abordagem do detergente seletivo acelerador é utilizada para medir diretamente o HDL. Na fase inicial desta abordagem, as moléculas de LDL, VLDL e quilomícrons libertam colesterol livre, que é depois convertido em peróxido de hidrogénio através de uma reação enzimática. O peróxido resultante é utilizado pela reação da peroxidase com o DSBmT, dando origem a um produto incolor. Na segunda fase, é utilizado um detergente específico para dissolver a HDL. A peroxidase + 4- aminoantipirina produz uma resposta colorida que é proporcional à concentração de HDL quando combinada com a ação da colesterol oxidase e da colesterol esterase. A absorvância é calculada a 600 nm [120].

Procedimento

	Em branco	Calibrador	Soro
Reagente R1	300 gL	300 gL	300 gL

Calibrador		3 gL	
Soro			3 gL
Depois de misturar a solução, todos os tubos foram mantidos a 37°C durante 5 min. A absorvância foi medida a 600 nm e a absorção foi registada como (A1).			
Reagente R2	100 gL	100 gL	100 gL
Depois de misturar a solução, todos os tubos foram mantidos a 37°C durante 5 min. A absorvância foi medida a 600 nm e a absorção foi registada como (A2).			

❖ **Cálculos**

A concentração de HDL no soro foi determinada com um analisador automático (KENZA 240 TX). Calcular a Abs. = (A2 - 0,75 A1) para o soro e o calibrador utilizando a abordagem manual.

Cálculo dos resultados como descrito a seguir:

$$HDL\left(\frac{mg}{dL}\right) = \frac{\Delta A_{Sample}}{\Delta A_{Calibrator}} * C_{Calibrator}$$

2.11.4. Cálculo de LDL e VLDL

O método de Friedewald foi utilizado para calcular os níveis de LDL e VLDL, respetivamente, conforme descrito abaixo [121]:

$$LDL\left(\frac{mg}{dL}\right) = Cholesterol - HDL - \frac{Triglycerides}{5}$$

$$VLDL\left(\frac{mg}{dL}\right) = \frac{Triglycerides}{5}$$

2.12. Determinação da ureia sérica

♦♦♦ **Princípio**

Hidrólise enzimática da ureia na amostra pela urease, produzindo NH4+ e CO2. Os iões de amoníaco formados reagem com salicilato e NaClO através do catalisador nitroprussiato para criar um indofenol verde [122].

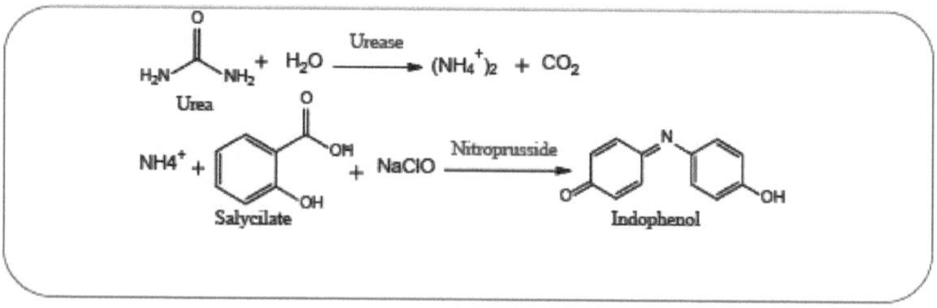

Procedimento

	Em branco	Calibrador	Soro
WR	1 ml	1 ml	1 ml
Calibrador		10 µL	

Soro			10 µL
Misturar e incubar durante 5 minutos a 37°C			
R2	1 ml	1 ml	1 ml
Misturar e incubar durante 5 minutos a 37°C			

A absorvância da amostra e do calibrador foi medida a 580 nm em relação à solução em branco.

Cálculos

$$\frac{A_{Sample}}{A_{Calibrator}} * C_{Calibrator}\left(\frac{50mg}{dL}\right) = \frac{mg}{dL}urea$$

2.13. Análise estatística

Foram utilizadas médias±DP para expressar os dados. A ANOVA de uma via (Tukey) e a correlação foram usadas para avaliar a relação entre os dados usando o SPSS versão 26. *Os valores de p* superiores a 0,05, iguais ou inferiores a 0,05 e inferiores a 0,001 foram considerados não significativos, significativos e altamente significativos, respetivamente. O GraphPad Prism 8 e o Microsoft Excel 2016 foram usados para a elaboração dos gráficos.

CAPÍTULO 3

Resultados e discussão

3.1.Apresentação demográfica

A Tabela 3-1 mostra as caraterísticas antropométricas dos indivíduos que participaram deste estudo na forma de média±DP.

Não houve diferenças estatisticamente significativas (*p*> 0,05) na idade entre o grupo de controlo (44,69±10,30 anos), os doentes com ACRO (46,35±9,25 anos) e os doentes com ACRO+DM (49,63±8,96 anos), conforme indicado na Figura (3-1) e na Tabela (3-1).

Quadro 3-1: Caraterísticas dos participantes no estudo.

Grupos Parâmetros	**Controlo (N = 40)**	**ACRO (N = 40)**	**ACRO+DM (N = 40)**	**valor *de p***
Idade ano	44.69±10.30	46.35±9.25	49.63±8.96	a 0.712 b 0.056 c 0.277
IMC kg/m²	24.30± 2.05	33.41±3.64	33.32±3.54	a 0.0001* b 0.0001*
Masculino	NO.%	NO.%	NO.%	c 0.991
Género	2050%	2050%	1947 .5%	
Feminino	2050%	2050%	2152 .5%	

a: comparação entre controlo e ACRO; b: comparação entre controlo e ACRO+DM;
c: comparou ACRO com ACRO+DM

Dados expressos em média ± DP. *Valor de p* não significativo > 0,05, (*) *valor de p* significativo < 0,05.

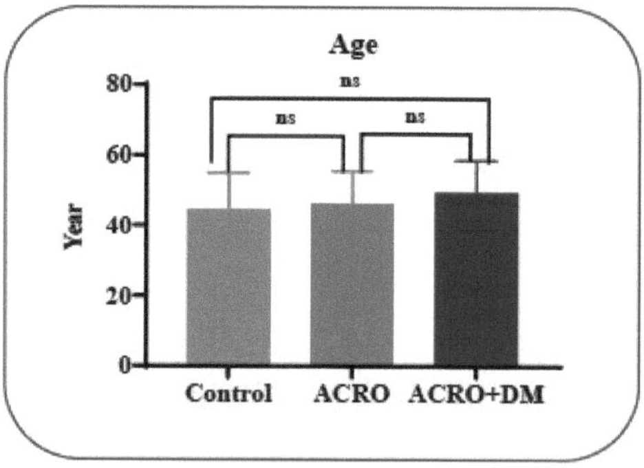

Figura 3-1: Comparações múltiplas para a idade.

O valor do IMC foi significativamente mais elevado (*p<0*,0001) nos doentes com ACRO (33,41±3,64 kg/m^2), bem como nos doentes com ACRO+DM (33,32±3,54 kg/m^2), em comparação com o grupo de controlo (24,30±2,05 kg/m^2), conforme indicado na Figura (3-2), Tabela (3-1).

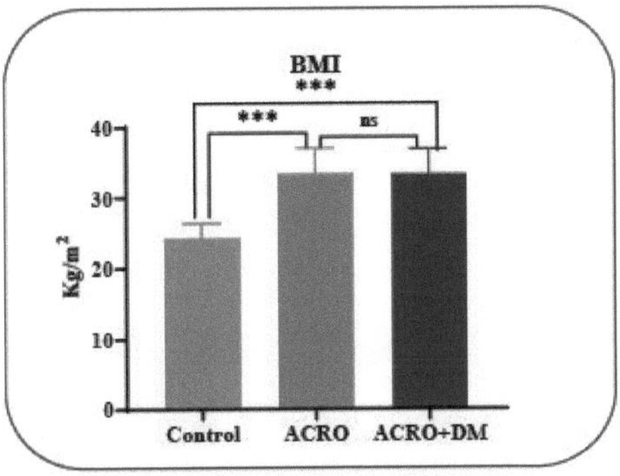

Figura 3-2: Comparações múltiplas para o IMC.

Este aumento foi explicado não pela obesidade, mas pelo facto de o peso corporal e a densidade mineral óssea estarem positivamente relacionados. Abdullah *et al.* e Capaldo *et al.* verificaram que o IMC em doentes com acromegalia era significativamente mais elevado em comparação com o grupo de controlo, o que está de acordo com os nossos resultados [123,124]. (Hameed, 2019) relatou que o IMC foi significativamente elevado em pacientes com acromegalia em comparação com o controle e não houve diferenças significativas entre os grupos ACRO e ACRO + DM, o que está de acordo com nossos achados [125].

3.2.Atividade da Arginase

A Tabela 3-2 mostra os níveis de atividade da arginase dos indivíduos que participaram neste estudo sob a forma de média±SD.

Verificaram-se diferenças altamente significativas na atividade da arginase entre o grupo de controlo (5,98±2,39), os doentes com ACRO (1,95±0,93) e os doentes com ACRO+DM (3,45±1,30), tendo a atividade da arginase diminuído significativamente *(p<0*,0001) nos grupos de doentes em comparação com o grupo de controlo, conforme indicado na Figura (3-3) e na Tabela (3-2).

Tabela 3-2: Níveis de atividade da arginase nos doentes e no controlo.

Grupos Parâmetros	**Controlo (N = 40)**	**ACRO (N = 40)**	**ACRO+DM (N = 40)**	**valor** ***de p***
Arginase U/L	5.98±2.39	1.95±0.93	3.45±1.30	a 0,0001* b 0,0001* c 0,0001*

a: comparação entre controlo e ACRO; b: comparação entre controlo e ACRO+DM;
c: comparou ACRO com ACRO+DM.
Dados expressos em média ± DP. *Valor de p* não significativo > 0,05, (*) *valor de p* significativo < 0,05

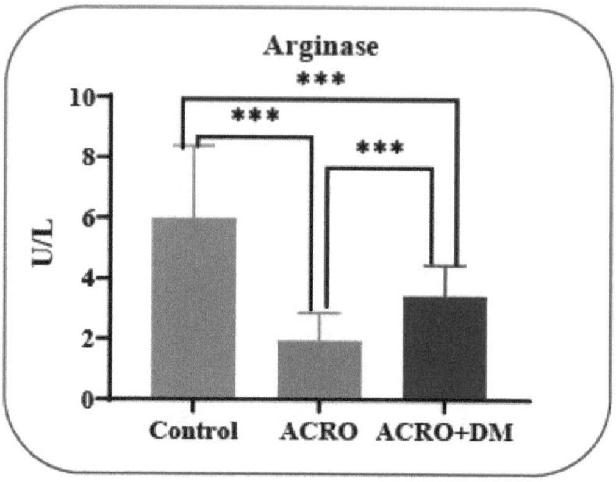

Figura 3-3: Comparações múltiplas para a arginase.

Tanto quanto sabemos, este é o primeiro estudo da atividade da arginase em doentes com acromegalia. O presente estudo concluiu que a atividade da arginase diminuiu (esta diminuição da atividade enzimática pode ser o resultado da sinalização crónica da GH em doentes com ACRO, que pode inibir a atividade da arginase), para proteger os compostos de azoto no organismo da perda através do ciclo da ureia e permitir que o organismo realize os seus processos de construção utilizando proteínas que contêm azoto. Para além do IGF-1 e da insulina, a GH produzida em excesso promove a retenção de azoto. Os efeitos da insulina no metabolismo da glicose são diminuídos pela sinalização crónica da GH, o que pode levar à resistência à insulina, hiperinsulinemia e ao desenvolvimento de diabetes [39,40]. Este estudo descobriu que os doentes diabéticos com acromegalia tinham uma atividade da arginase significativamente mais elevada do que os doentes não diabéticos com acromegalia. Este aumento da atividade enzimática no grupo ACRO+DM pode ser atribuído à deficiência de insulina, que faz com que as células sofram um défice de energia (devido à falta de glicose), o que pode causar um aumento da atividade da arginase, para catabolizar mais aminoácidos para dar mais energia às células. Ao modular o metabolismo da L-arginina, a formação de óxido nítrico, as respostas inflamatórias e o stress oxidativo, a Arg desempenha um papel crucial na regulação das actividades das células β, na resistência à insulina e nos problemas vasculares. A L-arginina é convertida pela arginase em ureia e L-ornitina. A L-ornitina sofre um metabolismo adicional pela Ornitina aminotransferase para produzir L-prolina, que estimula o mau funcionamento das células β e a resistência à insulina, ou pela Ornitina descarboxilase para gerar poliaminas, que incentivam a falha das células β, a produção reduzida de insulina e a resposta inflamatória [126]. Os resultados do nosso estudo estão de acordo com estudos anteriores, incluindo os de Hussein *et al.* que relataram que a atividade da arginase e a glicose demonstram uma associação positiva significativa [127], e também (Abd, 2022) que mostrou que a atividade da arginase estava consideravelmente elevada em indivíduos com diabetes tipo 2 [20]. O equilíbrio entre a arginase e a NOS pode ser perturbado por uma série de processos fisiopatológicos, o que perturbaria a homeostasia e a funcionalidade do organismo. Muitos processos patogénicos, incluindo os que envolvem o coração, o sistema imunológico, a tumorigénese e as doenças neurológicas, estão ligados a uma expressão aumentada da arginase [11]. A sobreactivação da arginase é um fator crucial no início e na progressão de várias doenças cardiovasculares. Ao controlar o metabolismo da L-arginina e numerosas vias de sinalização, o aumento da expressão da arginase pode afetar negativamente uma série de actividades celulares [7]. Al-Anbari *et al.* [128] descobriram que o aumento dos níveis de Argl em doentes com enfarte do miocárdio, em comparação com os controlos, pode sugerir que esta pode estar envolvida na etiologia do enfarte do miocárdio.

3.3.Ensaio Hormonal

A Tabela 3-3 mostra os níveis de GH e IGF-1 dos indivíduos que participaram neste estudo sob a forma de média±SD.

Os níveis séricos de GH dos doentes com ACRO (5,10±1,63) e dos doentes com ACRO+DM (4,44±1,49) foram significativamente ($p<0,05$) elevados em comparação com o grupo de controlo (1,02±0,37). Por outro lado, não se registou uma diferença estatisticamente significativa ($p>0,05$) na GH entre os doentes com ACRO e ACRO+DM, conforme indicado na Figura (3-4) e na Tabela (3-3).

Tabela 3-3: Níveis de GH e IGF-1 nos doentes e no controlo.

Grupos Parâmetros ~'\	Controlo (N = 40)	ACRO (N = 40)	ACRO+DM (N = 40)	valor *de p*
GH ng/mL	1.02±0.37	5.10±1.63	4.44±1.49	a 0,0001* b 0,0001* c 0,056
IGF-1 ng/mL	259.25±53.94	720.12±310.37	595.45±274.04	a 0,0001* b 0,0001* c 0,055

a: comparação entre controlo e ACRO; b: comparação entre controlo e ACRO+DM; c: comparou ACRO com ACRO+DM

Dados expressos em média ± DP. *Valor de p* não significativo > 0,05, (*) *valor de p* significativo < 0,05.

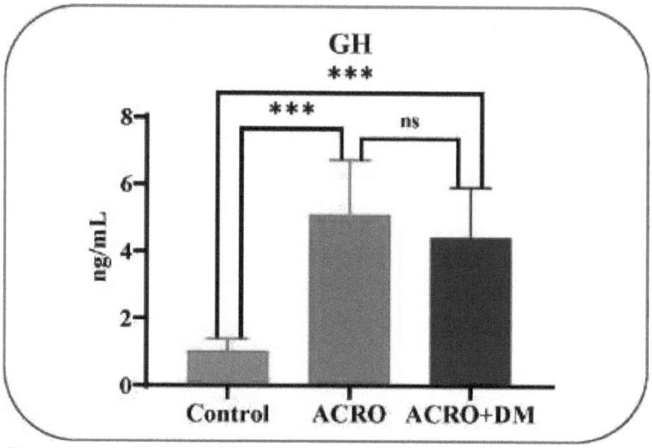

Figura 3-4: Comparações múltiplas para GH.

O presente estudo concluiu que os níveis de GH nos grupos ACRO e ACRO+DM eram significativamente mais elevados do que nos indivíduos de controlo. Além disso, a GH no grupo ACRO era mais elevada em comparação com o grupo ACRO+DM. Esta elevação foi causada por um excesso de GH produzido pela alça interior de um adenoma hipofisário hormonalmente ativo. Muitos estudos relataram que a GH era significativamente mais elevada em doentes com acromegalia em comparação com o grupo de controlo [129-131]. Hameed *et al.* verificaram que a GH em doentes com acromegalia era mais elevada do que em doentes com acromegalia e diabetes [132]. Os estudos acima concordam com os resultados do nosso estudo.

Os níveis séricos de IGF-1 dos doentes com ACRO (720,12±310,37) e dos doentes com ACRO+DM (595,45±274,04) foram significativamente ($p <0,05$) elevados em comparação com o grupo de controlo (259,25±53,94). Por outro lado, não se registou uma diferença estatisticamente significativa ($p>0,05$) no IGF-1 entre os doentes com ACRO e ACRO+DM, conforme indicado na Figura (3-5) e na Tabela (3-3).

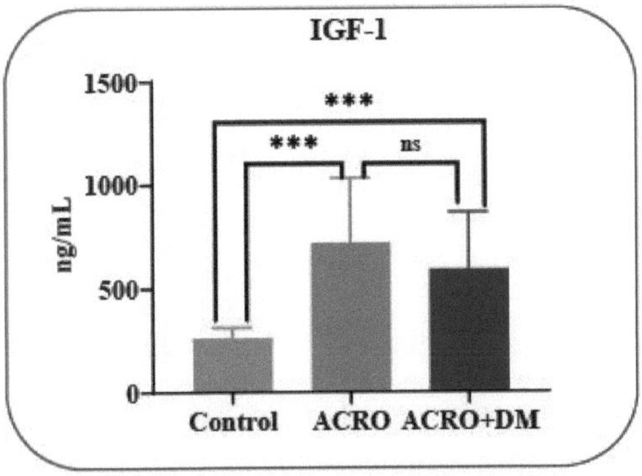

Figura 3-5: Comparações múltiplas para IGF-1.

O presente estudo concluiu que os níveis de IGF-1 nos grupos de doentes eram significativamente mais elevados do que no grupo de controlo. Além disso, o IGF-1 no grupo ACRO era mais elevado em comparação com o grupo ACRO+DM. Esta elevação foi causada pela produção excessiva de GH a partir da alça interior da glândula pituitária, e o IGF-1 aumentou em conjunto com a GH porque a produção e libertação de IGF-1 são estimuladas pela GH. Consequentemente, os aumentos consideráveis dos níveis de GH no presente estudo estão relacionados com aumentos significativos dos níveis de IGF-1. Muitos estudos relataram que os doentes com acromegalia tinham níveis de IGF-I significativamente mais elevados do que os indivíduos de controlo [123,129]. Hameed *et al.* verificaram que o IGF-1 em doentes com acromegalia era mais elevado do que em doentes com acromegalia e diabetes [132]. Estes estudos estão de acordo com os nossos resultados.

3.4.Glicose sérica em jejum

A Tabela 3-4 mostra os níveis de FSG dos indivíduos que participaram neste estudo sob a forma de média±SD.

Os níveis de FSG nos doentes com ACRO+DM (215,96±81,87) foram significativamente mais elevados (p<0,05) do que nos doentes com ACRO (98,29±5,45) e no grupo de controlo (87,80±5,17). No entanto, as diferenças nos níveis de FSG entre os doentes com ACRO e o grupo de controlo não foram estatisticamente significativas (p>0,05), conforme indicado na Figura (3-6), Tabela (3-4).

Tabela 3-4: Níveis de FSG nos doentes e no controlo.

Grupos Parâmetros '''''''\	**Controlo (N = 40)**	**ACRO (N = 40)**	**ACRO+DM (N = 40)**	**valor *de p***
FSG mg/dL	87.80±5.17	98.29±5.45	215.95±81.86	a 0.586 b 0.0001* c 0.0001*

a: comparação entre controlo e ACRO; b: comparação entre controlo e ACRO+DM; c: comparou ACRO com ACRO+DM Dados expressos em média ± DP. *Valor de p* não significativo > 0,05, (*) *valor de p* significativo < 0,05.

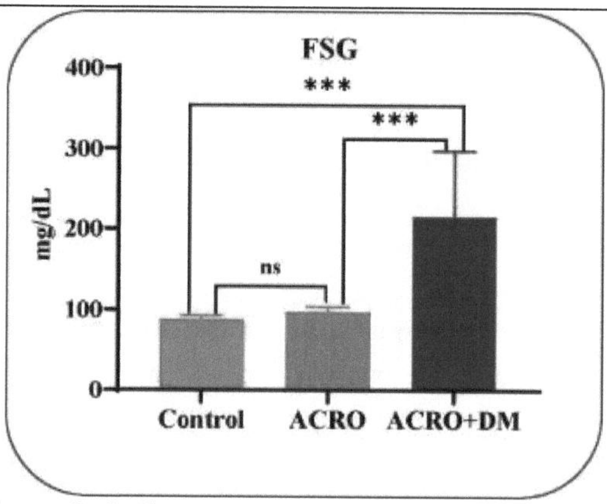

Figura 3-6: Comparações múltiplas para a FSG.

O presente estudo concluiu que os níveis de FSG no grupo ACRO+DM eram significativamente mais elevados do que no grupo de controlo, enquanto os níveis de FSG no grupo ACRO eram mais elevados (não significativamente) em comparação com o grupo de controlo. A diabetes é uma complicação comum nos doentes com acromegalia; a GH elevada provoca um metabolismo inadequado da glucose, o que leva à resistência à insulina e, em última análise, à diabetes. A incidência de diabetes em doentes com acromegalia varia entre 20-53% [133]. Farhan *et al.* e Abd Aon *et al.* referiram que os níveis de FSG nos doentes eram significativamente mais elevados em comparação com o controlo [129,130]. Mahmood *et al.* verificaram que os níveis de FSG em doentes com ACRO estavam significativamente elevados em comparação com o controlo [134]. Os estudos mencionados acima são consistentes com o nosso estudo atual. Tabur *et al.* relataram que os níveis de glicose plasmática em jejum em doentes com acromegalia não eram significativamente mais elevados em comparação com o grupo de controlo, porque os doentes com acromegalia com diabetes mellitus não foram incluídos no estudo [135].

3.5. Perfil lipídico

Tabela 3-5: Níveis do perfil lipídico nos doentes e no controlo.

Grupos Parâmetros	**Controlo (N = 40)**	**ACRO (N = 40)**	**ACRO+DM (N = 40)**	**valor *de p***
CT mg/dL	146.20±12.94	175.58±37.22	216.88± 19.73	a 0,0001* b 0,0001* c 0,0001*

TGs mg/dL	104.23±22.09	152.30±47.49	179.20± 43.02	a 0,0001* b 0,0001* c 0,007*
HDL mg/dL	48.06± 5.64	37.73±7.49	35.65±5.61	a 0,0001* b 0,0001* c 0,309
LDL mg/dL	77.37±11.75	107.39±34.29	145.40±18.68	a 0,0001* b 0,0001* c 0,0001*
VLDL mg/dL	20.85±4.40	30.46±9.49	35.83±8.61	a 0,0001* b 0,0001* c 0,008*

a: comparação entre controlo e ACRO; b: comparação entre controlo e ACRO+DM;
c: comparou ACRO com ACRO+DM
Dados expressos em média ± DP. (NS) *valor de p* não significativo > 0,05, (*) *valor de p* significativo < 0,05.

A Tabela 3-5 mostra os níveis do perfil lipídico (CT, TGs, HDL, LDL e VLDL) dos indivíduos que participaram deste estudo na forma de média±SD.
Houve diferenças altamente significativas nos níveis de CT entre o grupo de controlo (146,20±12,94), os doentes com ACRO (175,58±37,22) e os doentes com ACRO+DM (216,88±19,73), os níveis de CT estavam significativamente (*p* <0,0001) aumentados nos grupos de doentes em comparação com o grupo de controlo, conforme indicado na Figura (3-7), Tabela (35).

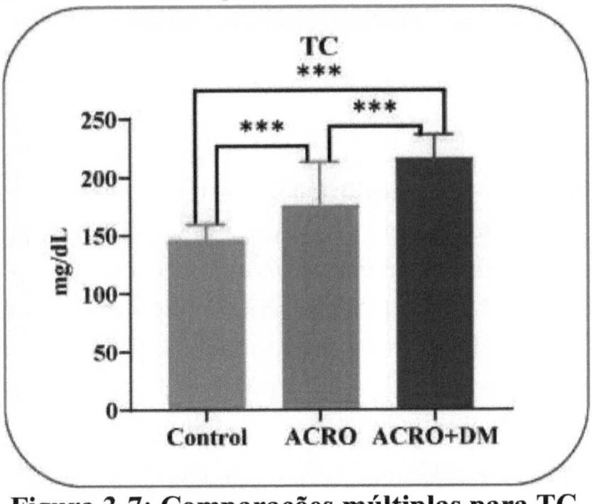

Figura 3-7: Comparações múltiplas para TC.

O presente estudo constatou que os níveis de CT nos doentes eram significativamente mais elevados do que nos indivíduos saudáveis. Além disso, o CT no grupo ACRO+DM era mais elevado do que no grupo ACRO. Atribui-se que o aumento do CT em doentes com acromegalia está associado a uma redução do HDL, porque o HDL recolhe o excesso de colesterol do sistema circulatório e transporta-o para o fígado, onde é decomposto e eliminado do organismo. Tahir *et al.* descobriram que o CT era significativamente maior em pacientes com acromegalia em comparação com indivíduos saudáveis [136]. (Hameed, 2019) relatou que o CT foi maior em pacientes com acromegalia em comparação com indivíduos saudáveis, também o TC na acromegalia diabética foi maior do que em pacientes não diabéticos [125]. Os estudos supracitados estão de acordo com os nossos resultados.

Verificaram-se diferenças altamente significativas nos níveis de TGs entre o grupo de controlo (104,23±22,09), os doentes com ACRO (152,30±47,49) e os doentes com ACRO+DM (179,20±43,02), os níveis de TGs estavam significativamente aumentados nos grupos de doentes em comparação com o grupo saudável, conforme indicado na Figura (3-8), Tabela (3-5).

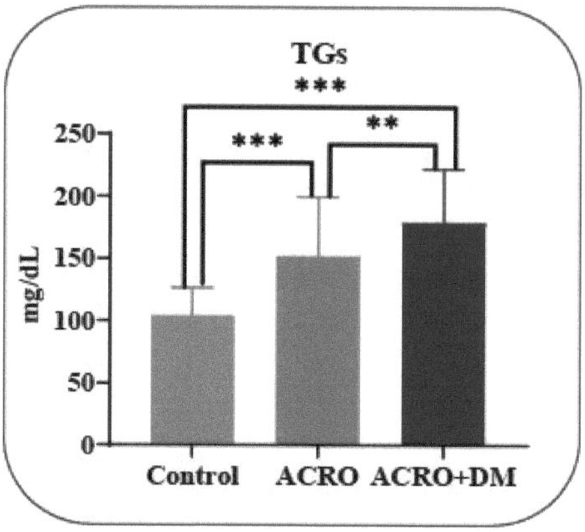

Figura 3-8: Comparações múltiplas para TGs.

O presente estudo concluiu que os níveis de TGs nos grupos ACRO e ACRO+DM eram significativamente mais elevados do que no controlo. Além disso, os TGs no grupo ACRO+DM eram mais elevados em comparação com o grupo ACRO. Um estudo anterior interpretou os níveis elevados de TG em doentes com ACRO especulando que a diminuição da atividade da lipase de triglicéridos hepática e, possivelmente, a diminuição da atividade da lipase de lipoproteínas é, pelo menos parcialmente, responsável pelo desenvolvimento da hipertrigliceridemia da ACRO [137]. (Hameed, 2019) e Tahir *et al.* descobriram que os TGs estavam significativamente elevados em pacientes com acromegalia em comparação com o controle [125,136], o que concorda com nossos achados.

Os níveis séricos de HDL dos doentes com ACRO (37,73± 7,49) e dos doentes com ACRO+DM (35,65± 5,61) foram significativamente (p <0,05) reduzidos em comparação com o grupo de controlo (48,06± 5,64), enquanto não houve diferença estatisticamente significativa ($p>0,05$) no HDL entre os doentes com ACRO e ACRO+DM, conforme indicado na Figura (3-9), Tabela (3-5).

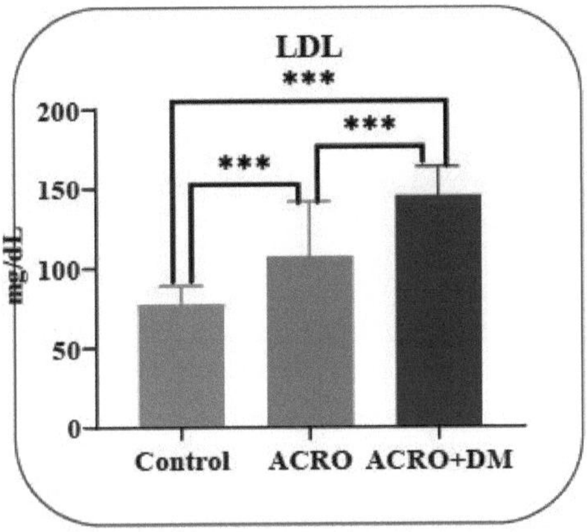

Figura 3-9: Comparações múltiplas para HDL.

O presente estudo concluiu que os níveis de HDL nos grupos de doentes eram significativamente mais baixos do que no grupo de controlo e que o grupo ACRO apresentava níveis de HDL mais elevados (não significativamente) do que o grupo ACRO+DM. Beentjes *et al.* observaram que as anomalias do HDL estavam ligadas a uma ação reduzida da lecitina-colesterol aciltransferase e verificaram que os níveis de HDL dos doentes com acromegalia eram inferiores aos do grupo de controlo [138]. (Hameed, 2019) e Tahir *et al.* referiram que os níveis de HDL estavam significativamente reduzidos nos doentes com acromegalia em comparação com o grupo de controlo [125,136].

Verificaram-se diferenças altamente significativas nos níveis de LDL entre o grupo de controlo (77,37±11,75), os doentes com ACRO (107,39±34,29) e os doentes com ACRO+DM (145,40±18,68), os níveis de LDL estavam significativamente ($p<0,0001$) elevados nos grupos de doentes em comparação com o grupo saudável, conforme indicado na Figura (3-10), Tabela (3-5).

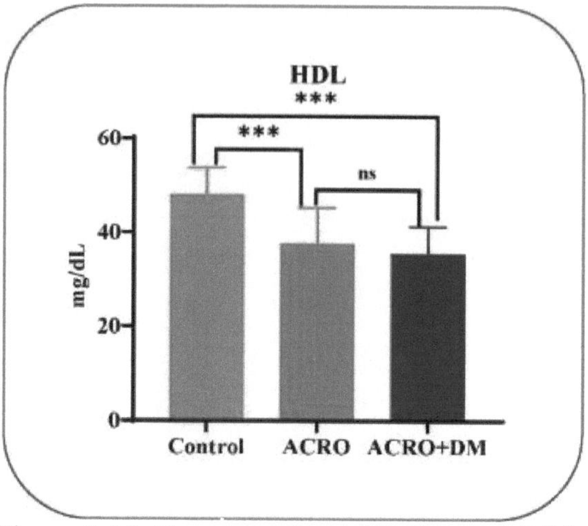

Figura 3-10: Comparações múltiplas para LDL.

O presente estudo concluiu que os níveis de LDL nos grupos de doentes eram significativamente mais elevados do que no grupo de controlo. Além disso, o LDL no grupo ACRO+DM foi significativamente mais elevado em comparação com o grupo ACRO. A diminuição do HDL contribui para a elevação do LDL devido à participação do HDL no transporte reverso do colesterol, que transporta o excesso de colesterol dos tecidos periféricos para o fígado. (Hameed, 2019) descobriu que os pacientes com ACRO tinham níveis de LDL significativamente mais altos em comparação com indivíduos saudáveis e o LDL no grupo de acromegalia diabética foi significativamente maior do que no grupo de acromegalia não diabética [125]. Além disso, Tahir *et al.* verificaram que os doentes com ACRO apresentavam níveis de LDL significativamente mais elevados em comparação com indivíduos saudáveis [136].

Verificaram-se diferenças altamente significativas nos níveis de VLDL entre o grupo de controlo (20,85±4,40), os doentes com ACRO (30,46±9,49) e os doentes com ACRO+DM (35,83±8,61), os níveis de VLDL estavam significativamente (p <0,0001) elevados nos grupos de doentes em comparação com indivíduos saudáveis, conforme indicado na Figura (3-11), Tabela (35).

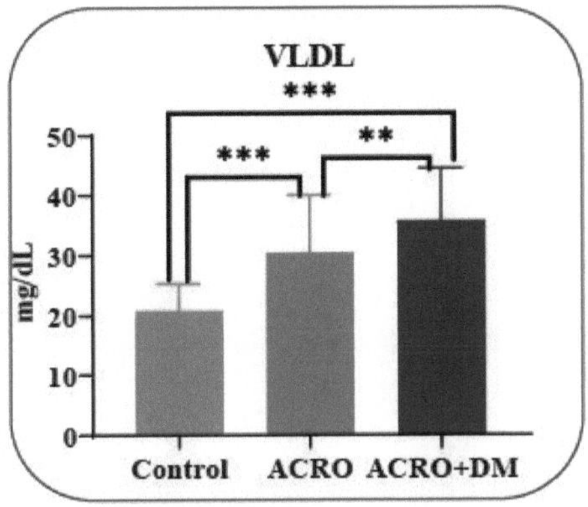

Figura 3-11: Comparações múltiplas para VLDL.

O presente estudo constatou que os níveis de VLDL nos grupos de doentes eram significativamente mais elevados do que no grupo de controlo. Além disso, os níveis de VLDL no grupo ACRO+DM eram mais elevados do que no grupo ACRO. Como o HDL remove o excesso de colesterol da corrente sanguínea, níveis elevados de VLDL estão associados a níveis reduzidos de HDL. (Hameed, 2019) descobriu que os níveis de VLDL em pacientes eram significativamente mais altos em comparação com o controle, e os níveis de VLDL no grupo ACRO + DM eram mais altos em comparação com o grupo ACRO [125], o que concorda com nossos resultados.

3.6. Ureia sérica

A Tabela 3-6 apresenta os níveis séricos de ureia dos indivíduos que participaram neste estudo sob a forma de média±SD.

Não se verificaram diferenças estatisticamente significativas (P>0,05) na ureia sérica entre o grupo de controlo (28,70±6,32), os doentes com ACRO (26,17±6,93) e os doentes com ACRO+DM (28,51±9,21), conforme indicado na Figura (3-12), Tabela (3-6).

Tabela 3-6: Níveis séricos de ureia nos doentes e no controlo.

Grupos ^\^ Parâmetros	**Controlo (N = 40)**	**ACRO (N = 40)**	**ACRO+DM (N = 40)**	**valor *de p***
Ureia mg/dL	28.70± 6.32	26.17± 6.93	28.51± 9.21	a 0.300 b 0.993 c 0.356
a: comparação entre controlo e ACRO; b: comparação entre controlo e ACRO+DM; c: comparou ACRO com ACRO+DM Dados expressos em média ± DP. *Valor de p* não significativo > 0,05, (*) *valor de p* significativo < 0,05.				

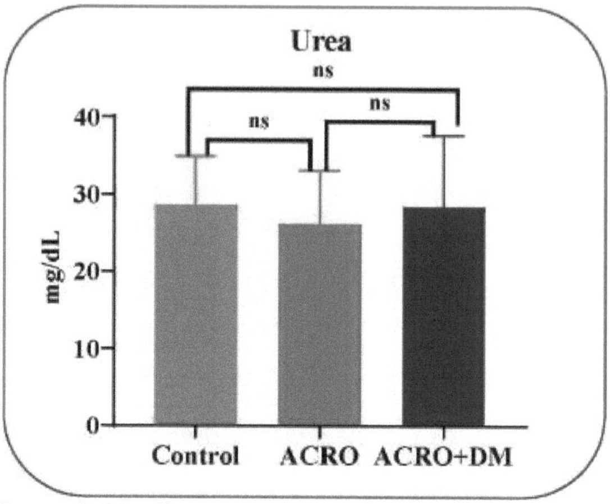

Figura 3-12: Comparações múltiplas para a ureia.

O presente estudo concluiu que os níveis de ureia sérica nos grupos de doentes não eram significativamente inferiores aos do grupo de controlo. Moller *et al.* referiram que os efeitos da GH no metabolismo das proteínas incluem o aumento da síntese proteica e a redução da degradação em todo o corpo e nos músculos, bem como a redução da degradação/oxidação dos aminoácidos e da produção hepática de ureia [36]. Hamwi *et al.* relataram que o azoto ureico no sangue estava reduzido em doentes com acromegalia [139]. Abdullah *et al.* verificaram que os níveis de ureia nos doentes com ACRO eram mais elevados (não significativamente) do que no grupo de controlo, podendo esta elevação ser atribuída à hipertrofia renal [123].

3.7. Correlação

A Tabela 3-7 mostra os valores do coeficiente de correlação da arginase com outros parâmetros em doentes com ACRO e ACRO+DM.

Tabela 3-7: Correlação da arginase com outros parâmetros em doentes com ACRO e ACRO+DM

Parâmetros	Arginase			
	ACRO (N = 40)		ACRO+DM (N = 40)	
	r	p	r	p
Idade	0.212	0.188	-0.106	0.517
IMC	0.043	0.790	-0.117	0.473
GH	-0.066	0.688	-0.075	0.646
IGF-1	0.092	0.574	-0.086	0.597
FSG	0.274	0.087	0.346*	0.029
TC	0.072	0.657	-0.241	0.134
TGs	-0.048	0.767	0.077	0.635

HDL	0.018	0.912	0.064	0.697
LDL	0.088	0.589	-0.310	0.051
VLDL	-0.048	0.767	0.080	0.624
Ureia	0.159	0.326	0.134	0.410
* Significativo a P<0,05				

Os níveis de arginase e FSG estavam positivamente correlacionados nos doentes com ACRO+DM (r=0,346, p-valor=0,029), conforme representado na Figura (3-13).

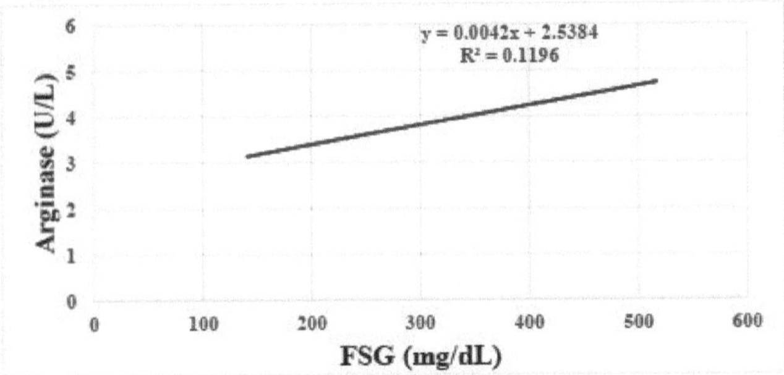

Figura 3-13: A correlação entre a arginase e o FSG no soro de doentes com ACRO+DM.

Esta correlação positiva pode ser atribuída à deficiência de insulina, que faz com que as células sofram um défice de energia (devido à falta de glicose), o que pode causar um aumento da atividade da arginase, para catabolizar mais aminoácidos e dar mais energia às células.

Conclusão

- ❖ Diminuição dos níveis de atividade da arginase sérica nos doentes para evitar a perda de compostos azotados no organismo através do ciclo da ureia e permitir que o organismo realize os seus processos de construção utilizando proteínas que contêm azoto.
- ❖ Níveis elevados de LDL e reduzidos de HDL, para além de TGs, TC e VLDL mais elevados em doentes com ACRO, o que aumenta o risco de desenvolver problemas cardiovasculares.
- ❖ Correlação positiva entre arginase e FSG no grupo ACRO+DM, esta correlação positiva pode ser atribuída à deficiência de insulina, que faz com que as células sofram um défice de energia (devido à falta de glicose), o que pode causar um aumento da atividade da arginase, para catabolizar mais aminoácidos para dar mais energia às células.

Recomendações

❖ Síntese de um ativador da enzima arginase (nanopartículas, medicamentos, etc.) para aumentar a atividade da enzima nos doentes com ACRO.

❖ Estudo do gene da enzima arginase em doentes com ACRO.

❖ Manter a GH e o IGF-1 em níveis normais e estudar os supressores da GH e do IGF-1.

❖ Acompanhamento do perfil lipídico dos doentes ACRO.

Referências

[1] N. Kumari e S. Bansal, "Arginine depriving enzymes: applications as emerging therapeutics in cancer treatment", Cancer Chemotherapy and Pharmacology, vol. 88, pp. 565-594, 2021/10/01 2021.

[2] M. Li, J. Qin, K. Xiong, B. Jiang, e T. Zhang, "Review of arginase as a promising biocatalyst: characteristics, preparation, applications and future challenges," Critical reviews in biotechnology, vol. 42, pp. 651-667, 2022.

[3] N. A. Salah, A. I. Mohamed, H. M. El-Shora e M. M. Yousef, "Purification and Immobilization of Aginase from Fenugreek Plant," Egyptian Journal of Chemistry, vol. 66, 2023.

[4] V. K. Korram e S. Bansal, "Arginase in Bacillus circulans", 2021.

[5] M. K. Iskandaryan e E. K. Barseghyan, "THE ROLE OF THIOL GROUPS IN THE EXPRESSION OF THE ACTIVITY OF ARGINASE I AND II ISOENZYMES," Proceedings of the YSU B: Chemical and Biological Sciences, vol. 55, pp. 248-254, 2021.

[6] J. Homa, A. Klosowska, e M. Chadzinska, "Arginase Activity in Eisenia andrei Coelomocytes: Function in the Earthworm Innate Response," International Journal of Molecular Sciences, vol. 22, p. 3687, 2021.

[7] Z. Li, L. Wang, Y. Ren, Y. Huang, W. Liu, Z. Lv, et al., "Arginase: shedding light on the mechanisms and opportunities in cardiovascular diseases", Cell Death Discovery, vol. 8, p. 413, 2022.

[8] S. Mordhorst, T. Badmann, N. M. Bösch, B. I. Morinaka, H. Rauch, J. r. Piel, et al., "Structural and Biochemical Insights into Post-Translational Arginine-to-Ornithine Peptide Modifications by an Atypical Arginase," ACS Chemical Biology, vol. 18, pp. 528-536, 2023.

[9] Z. F. Kanyo, L. R. Scolnick, D. E. Ash, e D. W. Christianson, "Structure of a unique binuclear manganese cluster in arginase," Nature, vol. 383, pp. 554-557, 1996.

[10] N. N. Al-Saad, F. M. Khaleel, e E. F. Al-Jumaili, "Purification and Characterization of Arginase from Serum of Healthy and Type II Diabetic Iraqi Patients," Indian Journal of Forensic Medicine & Toxicology, vol. 15, pp. 1194-1203, 2021.

[11] G. S. Clemente, A. van Waarde, I. F. Antunes, A. Dömling e P. H. Elsinga, "Arginase as a potential biomarker of disease progression: a molecular imaging perspective", International Journal of Molecular Sciences, vol. 21, p. 5291, 2020.

[12] F. Niu, Y. Yu, Z. Li, Y. Ren, Z. Li, Q. Ye, et al., "Arginase: An emerging and promising therapeutic target for cancer treatment", Biomedicine & Pharmacotherapy, vol. 149, p. 112840, 2022.

[13] F. Freua *et al.*, "Deficiência de arginase 1 que se apresenta como paraplegia espástica hereditária complicada", *Mol. Case Stud.*, vol. 8, no. 6, p. a006232, 2022.
[14] C. Ma, J. B. Hunt, M.-L. B. Selenica, A. Sanneh, L. A. Sandusky-Beltran, M. Watler, et al., "A insuficiência de arginase 1 precipita a deposição de amiloide-ß e acelera o comprometimento comportamental em um modelo de rato de amiloidose", Frontiers in Immunology, vol. 11, p. 582998, 2021.
[15] B. Wernly, J. Pernow, M. Kelm, e C. Jung, "The role of arginase in the microcirculation in cardiovascular disease," Clinical Hemorheology and Microcirculation, vol. 74, pp. 79-92, 2020.
[16] H. M. Al-Kuraishy, A. I. Al-Gareeb, A. Alexiou, e G. E.-S. Batiha, "COVID-19 e suplementações de L-arginina: ainda para encontrar a chave perdida", Current Protein and Peptide Science, vol. 23, pp. 166-169, 2022.
[17] H. Meurs, J. Zaagsma, H. Maarsingh e M. van Duin, "Patentes recentes em alergia/imunologia: utilização de inibidores da arginase no tratamento da asma e da rinite alérgica", Allergy, vol. 74, p. 1206, 2019.
[18] E. Shosha, A. Y. Fouda, T. Lemtalsi, S. Haigh, D. Fulton, A. Ibrahim, et al., "Endothelial arginase 2 mediates retinal ischemia/reperfusion injury by inducing mitochondrial dysfunction", Molecular Metabolism, vol. 53, p. 101273, 2021.
[19] W.-S. Choi, J.-I. Yang, W. Kim, H.-E. Kim, S.-K. Kim, Y. Won, et al., "Papel crítico da arginase II na patogénese da osteoartrite", Annals of the Rheumatic Diseases, vol. 78, pp. 421-428, 2019.
[20] S. jumah Abdand, S. A. Abbas, e B. A. Abed, "Estudo da atividade da arginase no soro de pacientes com hipotiroidismo e diabetes mellitus tipo 2," *Int. J. Health Sci. (Qassim)*, vol. 6, no. June, pp. 4809-4816, Jun. 2022.
[21] J. Mortier, J. R. Prévost, D. Sydow, S. Teuchert, C. Omieczynski, M. Bermudez, et al., "Arginase structure and inhibition: catalytic site plasticity reveals new modulation possibilities," Scientific Reports, vol. 7, p. 13616, 2017.
[22] T. S. Detroja e A. O. Samson, "Virtual Screening for FDA-Approved Drugs That Selectively Inhibit Arginase Type 1 and 2," Molecules, vol. 27, p. 5134, 2022.
[23] M. Mashinini, "Pituitary gland and growth hormone," Southern African Journal of Anaesthesia and Analgesia, vol. 26, pp. S109-112, 2020.
[24] V. Chesnokova e S. Melmed, "GH and senescence: A new understanding of adult GH action," Journal of the Endocrine Society, vol. 6, p. bvab177, 2022.
[25] N. C. Olarescu, K. Gunawardane, T. K. Hansen, N. M0ller e J. O. L. J0rgensen, "Normal physiology of growth hormone in adults", Endotext [Internet], 2019.

[26] G. P. Baumann, "Growth hormone isoforms," Growth Hormone & IGF Research, vol. 19, pp. 333-340, 2009.
[27] J. Ribeiro de Oliveira Longo Schweizer, A. Ribeiro-Oliveira Jr, and M. Bidlingmaier, "Growth hormone: isoforms, clinical aspects and assays interference," Clinical Diabetes and Endocrinology, vol. 4, pp. 1-11, 2018.
[28] "Regulation of Growth Hormone Secretion," in Clinical Neuroendocrinology: Uma Introdução, M. Wilkinson e S. A. Imran, Eds., ed Cambridge: Cambridge University Press, pp. 134-153, 2019.
[29] "A hormona do crescimento é realmente um suplemento anti-envelhecimento? - LongevitybuilderIndividualcontrolsaging ". https://longevitybuilder.com/2022/01/is-growth-hormone-really-an-anti- aging-supplement/ (acedido em 22 de setembro de 2022).
[30] V. Chesnokova, "The Multiple Faces of the GH/IGF Axis", vol. 11, ed: MDPI, p. 217, 2022.
[31] S. Moriyama, "Growth hormone," in Handbook of Hormones, ed: Elsevier, pp. 199-201, 2021.
[32] E. Gurevich, Y. Segev, e D. Landau, "Growth hormone and IGF1 actions in kidney development and function," Cells, vol. 10, p. 3371, 2021.
[33] H. Hua, Q. Kong, J. Yin, J. Zhang e Y. Jiang, "Insulin-like growth fator recetor signaling in tumorigenesis and drug resistance: a challenge for cancer therapy", Journal of hematology & oncology, vol. 13, pp. 1-17, 2020.
[34] F. Elio, V. De Filippis, R. Gatti, e P. Spinella, "Growth hormone isoforms and segments/fragments: molecular structure and laboratory measurement," Clinica chimica ata, vol. 364, pp. 67-76, 2006.
[35] R. Sharma, J. J. Kopchick, V. Puri, e V. M. Sharma, "Effect of growth hormone on insulin signaling," Molecular and cellular endocrinology, vol. 518, p. 111038, 2020.
[36] N. Moller, M. H. Vendelbo, U. Kampmann, B. Christensen, M. Madsen, H. Norrelund, et al., "Growth hormone and protein metabolism," Clinical Nutrition, vol. 28, pp. 597-603, 2009.
[37] F. E. Wondisford e F. E. Wondisford, "Growth Hormone," Essentials of Endocrinology and Metabolism: Um Guia Prático para Estudantes de Medicina, pp. 229-240, 2020.
[38] S.-H. Kim e M.-J. Park, "Efeitos da hormona do crescimento na glucose metabolismo e resistência à insulina em humanos", Annals of pediatric endocrinology & metabolism, vol. 22, p. 145, 2017.
[39] M. C. Vázquez-Borrego, M. del Rio-Moreno, e R. D. Kineman, "Towards understanding the direct and indirect actions of growth hormone in controlling hepatocyte carbohydrate and lipid metabolism," Cells, vol. 10, p. 2532, 2021.

[40] P. Bang, "Implicações pediátricas da fisiologia normal do eixo insulina-GH-IGF", 2016.
[41] I. Bentov e H. Werner, "Insulin-like growth fator 1," in Handbook of Biologically Active Peptides, ed., Elsevier, pp. 1385-1392, 2006: Elsevier, pp. 1385-1392, 2006.
[42] J. Hinson, P. Raven, e S. Chew, "The hypothalamus and pituitary part II: the anterior pituitary," The endocrine system. Elsevier, pp. 39-51, 2010.
[43] K. Schilbach e M. Bidlingmaier, "Laboratory investigations in the diagnosis and follow-up of GH-related disorders," Archives of Endocrinology and Metabolism, vol. 63, pp. 618-629, 2020.
[44] " Fator de crescimento semelhante à insulina 1- Wikipédia". https://en.wikipedia.org/wiki/Insulin-like_growth_factor_1 (acedido em 27 de setembro de 2022).
[45] V. Hwa, Y. Oh, e R. G. Rosenfeld, "The insulin-like growth factorbinding protein (IGFBP) superfamily," Endocrine reviews, vol. 20, pp. 761-787, 1999.
[46] J. I. Jones e D. R. Clemmons, "Insulin-like growth factors and their binding proteins: biological actions," Endocrine reviews, vol. 16, pp. 3-34, 1995.
[47] M. Shimizu, "Subchapter 28B - Insulin-like growth fator-1," in Handbook of Hormones (Second Edition), H. Ando, K. Ukena, and S. Nagata, Eds., ed San Diego: Academic Press, pp. 285-288, 2021.
[48] N. AsghariHanjani e M. Vafa, "The role of IGF-1 in obesity, cardiovascular disease, and cancer", Medical journal of the Islamic Republic of Iran, vol. 33, p. 56, 2019.
[49] T. Halmos and I. Suba, "A nôvekedési hormon és az inzulinszerü nôvekedési faktorok élettani szerepe," Orvosi Hetilap, vol. 160, pp. 17741783, 2019.
[50] H. Nagao, W. Cai, B. B. Brandão, N. J. W. Albrechtsen, M. Steger, A. K. Gattu, et al., "Leucine-973 is a crucial residue differentiating insulin and IGF-1 recetor signaling," The Journal of Clinical Investigation, vol. 133, 2023.
[51] I I. Castilla-Cortázar, G. A. Aguirre, G. Femat-Roldán, I. Martín-Estal, e L. Espinosa, "Is insulin-like growth fator-1 involved in Parkinson's disease development?", Journal of translational medicine, vol. 18, pp. 117, 2020.
[52] E. Hazrati, M. Gholami, R. H. Farahani, K. Ghorban, M. Ghayomzadeh e N. H. Rouzbahani, "O efeito da concentração plasmática de IGF-1 na gravidade da COVID-19", Microbial Pathogenesis, vol. 164, p. 105416, 2022.
[53] Y. Higashi, S. Sukhanov, A. Anwar, S.-Y. Shai, e P. Delafontaine, "Aging, atherosclerosis, and IGF-1," Journals of Gerontology Series A: Biomedical Sciences and Medical Sciences, vol. 67, pp. 626-639, 2012.
[54] M. Obradovic, S. Zafirovic, S. Soskic, J. Stanimirovic, A. Trpkovic, D.

Jevremovic, et al., "Effects of IGF-1 on the cardiovascular system", Current Pharmaceutical Design, vol. 25, pp. 3715-3725, 2019.
[55] M. Dixit, S. B. Poudel, e S. Yakar, "Effects of GH/IGF axis on bone and cartilage," Molecular and cellular endocrinology, vol. 519, p. 111052, 2021.
[56] F. Bandeira, A. L. P. Lemos, e S. R. de Lima Andrade, "Acromegalia," in Endocrinologia e Diabetes: A Problem Oriented Approach, F. Bandeira, H. Gharib, L. Griz, and M. Faria, Eds., ed Cham: Springer International Publishing, pp. 55-60, 2022.
[57] A. Colao, L. F. S. Grasso, A. Giustina, S. Melmed, P. Chanson, A. M. Pereira, et al., "Acromegaly," Nature Reviews Disease Primers, vol. 5, p. 20, 2019/03/21 2019.
[58] S. Camerini, A. Wennberg, M. Adriani, B. Martin, R. Vettor, P. Maffei, et al., "Questionário e ferramentas: instrumento clínico poderoso no diagnóstico e gestão da acromegalia", Journal of Endocrinological Investigation, vol. 45, pp. 1823-1834, 2022.
[59] F. Langlois, G. M. Suarez, e M. Fleseriu, "Updates in rare and not-so-rare complications of acromegaly: focus on respiratory function and quality of life in acromegaly," F1000Research, vol. 9, 2020.
[60] C. Badiu e P. Witek, "Insights Into Acromegaly Complications," Frontiers in Endocrinology, vol. 13, 2022.
[61] N. Coronel-Restrepo, L. V. Syro, F. Rotondo, and K. Kovacs, "Anatomy of the Pituitary Gland," in Pituitary Adenomas: The European Neuroendocrine Association's Young Researcher Committee Overview, G. Tamagno e M. D. Gahete, Eds., ed Cham: Springer International Publishing, pp. 1-19, 2022.
[62] "Acromegalia | Johns Hopkins Medicine." https://www.hopkinsmedicine.org/health/conditions-and- diseases/acromegaly (acedido a 10 de setembro de 2022).
[63] M. Bolanowski, M. Ruchala, W. Zgliczyηski, B. Kos-Kudla, A. Hubalewska-Dydejczyk, e A. Lewrnski, "Diagnóstico e tratamento da acromegalia - recomendações atualizadas da Sociedade Polaca de Endocrinologia [Rozpoznanie i leczenie akromegalii - aktualizacja rekomendacji Polskiego Towarzystwa Endokrynologicznego]," Endokrynologia Polska, vol. 70, pp. 2-18, 2019.
[64] D. P. Bray, S. Mannam, R. S. Rindler, J. W. Quillin, e N. M. Oyesiku, "Surgery for acromegaly: Indications and goals," Frontiers in Endocrinology, vol. 13, 2022.
[65] M. Gierach e R. Junik, "Aberrações no metabolismo dos hidratos de carbono em doentes com diagnóstico de acromegalia - estudo observacional ".

Endokrynologia Polska, vol. 73, pp. 743-744, 2022.
[66] A. De Stefani, F. Dassie, A. Wennberg, G. Preo, A. Muneratto, R. Fabris, et al., "Oral manifestations and maxillo-facial features in the acromegalic patient: a literature review", Journal of Clinical Medicine, vol. 11, p. 1092, 2022.
[67] S. Melmed, "Chapter 15 - Acromegaly," in The Pituitary (Fifth Edition), S. Melmed, Ed: Academic Press, pp. 449-493, 2022.
[68] C. Ramírez, L.-C. Hernández-Ramirez, A.-L. Espinosa-de-los-Monteros, J. M. Franco, G. Guinto, e M. Mercado, "Ectopic acromegaly due to a GH-secreting pituitary adenoma in the sphenoid sinus: a case report and review of the literature," BMC Research Notes, vol. 6, pp. 1-6, 2013.
[69] "Acromegalia | NIDDK." https://www.niddk.nih.gov/health-information/endocrine-diseases/acromegaly (acedido em 01 de outubro de 2022).
[70] H. Biering, G. Knappe, H. Gerl, e H. Lochs, "Prevalence of diabetes in acromegaly and Cushing syndrome," Ata Medica Austriaca, vol. 27, pp. 27-31, 2000.
[71] E. B. Geer, J. Sisco, D. T. Adelman, W. H. Ludlam, A. Haviv, S. Liu, et al., "Patient reported outcome data from acromegaly patients treated with injectable somatostatin recetor ligands (SRLs) in routine clinical practice," BMC Endocrine Disorders, vol. 20, pp. 1-8, 2020.
[72] "Acromegaly symptoms and signs." https://www.acromunity.com/en-us/about-acromegaly/learn-about-acromegaly/acromegaly-symptoms- and-signs/ (acedido em 01 de outubro de 2022).
[73] P. Caron, T. Brue, G. Raverot, A. Tabarin, A. Cailleux, B. Delemer, et al., "Sinais e sintomas de acromegalia no momento do diagnóstico: as perspetivas do médico e do doente no estudo ACRO-POLIS", Endocrine, vol. 63, pp. 120-129, 2019.
[74] D. Esposito, O. Ragnarsson, G. Johannsson, e D. S. Olsson, "Prolonged diagnostic delay in acromegaly is associated with increased morbidity and mortality," European Journal of Endocrinology, vol. 182, pp. 523-531, 2020.
[75] A. Akirov, H. Masri-Iraqi, I. Dotan, e I. Shimon, "The biochemical diagnosis of acromegaly," Journal of clinical medicine, vol. 10, p. 1147, 2021.
[76] P. U. Freda, "Pitfalls in the biochemical assessment of acromegaly," Pituitary, vol. 6, pp. 135-140, 2003.
[77] D. Ferone, E. Resmini, L. Bocca, M. Giusti, A. Barreca, e F. Minuto, "Current diagnostic guidelines for biochemical diagnosis of acromegaly," Minerva endocrinologica, vol. 29, pp. 207-223, 2004.
[78] P. Chanson e S. Salenave, "Acromegaly," Orphanet journal of rare

diseases, vol. 3, pp. 1-17, 2008.
[79] E. Carmina, F. Z. Stanczyk e R. A. Lobo, "Evaluation of hormonal status," in Yen and Jaffe's Reproductive Endocrinology, ed., Elvira, pp. 887-915: Elsevier, pp. 887-915. e4, 2019.
[80] L. Katznelson, E. R. Laws Jr, S. Melmed, M. E. Molitch, M. H. Murad, A. Utz, et al., "Acromegaly: an endocrine society clinical practice guideline," The Journal of Clinical Endocrinology & Metabolism, vol. 99, pp. 39333951, 2014.
[81] L. A. Frohman, "Diagnóstico clínico e laboratorial da acromegalia", ed: Medicina do Futuro, 2013.
[82] N. Ershadinia e N. A. Tritos, "Diagnosis and treatment of acromegaly: an update," in Mayo Clinic Proceedings, pp. 333-346, 2022.
[83] B. Hossain e W. M. Drake, "Acromegalia", Medicine, vol. 45, pp. 480483, 2017/08/01/ 2017.
[84] T. Rezic, P. T. Skoric, I. Kraljevic, M. Solak, T. K. Zibar, A.-M. Balasko, et al., "Radioterapia na acromegalia: uma experiência de centro único", em Endocrine Abstracts, 2020.
[85] A.-J. van der Lely e W. De Herder, "The role of radiotherapy in acromegaly," The Journal of Clinical Endocrinology & Metabolism, vol. 82, pp. 3185-3186, 1997.
[86] H. Shouip, "Diabetes mellitus", 31/12/2014.
[87] M. T. A. Lilyana e K. Pae, "Effectivenes Education For Diabetic Melitus Management In Elderly With Diabetic Melitus," Adi Husada Nursing Journal, vol. 6, pp. 1-7, 2020.
[88] S. Bastaki, "Diabetes mellitus and its treatment," Dubai Diabetes And Endocrinology Journal, vol. 13, pp. 111-134, 2005.
[89] N. Mandal, R. Grambergs, K. Mondal, S. K. Basu, F. Tahia, e S. Dagogo-Jack, "Role of ceramides in the pathogenesis of diabetes mellitus and its complications," Journal of Diabetes and its Complications, vol. 35, p. 107734, 2021.
[90] N. H. Cho, J. Shaw, S. Karuranga, Y. Huang, J. da Rocha Fernandes, A. Ohlrogge, et al., "IDF Diabetes Atlas: Global estimates of diabetes prevalence for 2017 and projections for 2045," Diabetes research and clinical practice, vol. 138, pp. 271-281, 2018.
[91] S. Polakof and B. Comte, "Glucose-Induced Insulin Secretion," in Diabetes: An Old Disease, a New Insight, S. I. Ahmad, Ed., ed New York, NY: Springer New York, pp. 319-339, 2013.
[92] A. D. Association, "Diagnosis and classification of diabetes mellitus," Diabetes care, vol. 37, pp. S81-S90, 2014.

[93] J. Moini, "Introduction and History of Diabetes Mellitus," Epidemiology of Diabetes, pp. 1-10, 2019.
[94] B. S. Lal, "DIABETES: CAUSAS, SINTOMAS E TRATAMENTOS", ed, pp. 55-67, 2016.
[95] T. I. Lodhi, "Diabetes mellitus in older women," Clinics in Geriatric Medicine, vol. 37, pp. 491-507, 2021.
[96] A. Hannon, C. Thompson, e M. Sherlock, "Diabetes in patients with acromegaly," Current Diabetes Reports, vol. 17, pp. 1-8, 2017.
[97] M. Mercado e C. Ramírez-Rentería, "Metabolic complications of acromegaly," Metabolic Syndrome Consequent to Endocrine Disorders, vol. 49, pp. 20-28, 2018.
[98] H. S. Ahmed, "Serum Leptin as a Biomarker in Diabetes: Links with Acromegaly," in Biomarkers in Diabetes, ed: Springer, pp. 1-16, 2022.
[99] T. Brue, A. Lindberg, A. Jan van der Lely, A. C. Akerblad, M. Koltowska- Häggström, R. Gomez, et al., "Diabetes em pacientes com acromegalia tratados com pegvisomant: observações de um estudo", Endocrine, vol. 63, pp. 563-572, 2019.
[100] G. Vila, J. O. L. J0rgensen, A. Luger, e G. K. Stalla, "Insulin resistance in patients with acromegaly," Frontiers in endocrinology, vol. 10, p. 509, 2019.
[101] F. Ferraù, A. Albani, A. Ciresi, C. Giordano e S. Cannavò, "Diabetes secundária à acromegalia: fisiopatologia, caraterísticas clínicas e efeitos do tratamento", Frontiers in endocrinology, vol. 9, p. 358, 2018.
[102] S. Frara, F. Maffezzoni, G. Mazziotti, e A. Giustina, "Aspectos actuais e emergentes da diabetes mellitus na acromegalia," Trends in Endocrinology & Metabolism, vol. 27, pp. 470-483, 2016.
[103] C. Gopalan e E. Kirk, "Chapter 10 - Lipid metabolism," in Biology of Cardiovascular and Metabolic Diseases, C. Gopalan e E. Kirk, Eds: Academic Press, pp. 181-194, 2022.
[104] A. S. Salsinha, M. Machado, L. M. Rodríguez-Alcalá, A. M. Gomes, e M. Pintado, "Bioactive lipids: Chemistry, biochemistry, and biological properties," Bioactive lipids, pp. 1-35, 2023.
[105] H. M. Albuquerque, C. M. Santos, e A. M. Silva, "Química do colesterol e síntese laboratorial," in Cholesterol, ed: Elsevier, 2022, pp. 3-24
[106] J. Luo, H. Yang, e B.-L. Song, "Mechanisms and regulation of cholesterol homeostasis," Nature reviews Molecular cell biology, vol. 21, pp. 225-245, 2020.
[107] X.-H. Yu, D.-W. Zhang, X.-L. Zheng, e C.-K. Tang, "Sistema de transporte de colesterol: um modelo integrado de transporte de colesterol envolvido na aterosclerose", Progresso na pesquisa de lipídios, vol. 73, pp. 65-

91, 2019.
[108] A. Dasgupta e A. Wahed, "Lipid Metabolism and Disorders," Clinical Chemistry, Immunology and Laboratory Quality Control, pp. 85-105, 2014.
[109] F. Roccio, A. Claude-Taupin, J. Botti, E. Morel, P. Codogno e N. Dupont, "Monitoring lipophagy in kidney epithelial cells in response to shear stress", Methods in Cell Biology, vol. 164, pp. 11-25, 2021.
[110] D. J. Rader e S. Kathiresan, "Lipoprotein disorders," in Genomic and Precision Medicine, ed., Elsevier, pp. 27-46, 2018: Elsevier, pp. 27-46, 2018.
[111] J. E. Vance e K. Adeli, "Assembly and secretion of triacylglycerol-rich lipoproteins," in Biochemistry of lipids, lipoproteins and membranes, ed: Elsevier, pp. 507-531, 2008.
[112] P. Fellinger, P. Wolf, L. Pfleger, P. Krumpolec, M. Krssak, K. Klavins, et al., "Increased ATP synthesis might counteract hepatic lipid accumulation in acromegaly," JCI insight, vol. 5, 2020.
[113] H. R. Jain, V. Shetty, G. Singh, e S. Shetty, "A study of lipid profile in diabetes mellitus," International Journal of scientific study, vol. 4, pp. 5560, 2016.
[114] K. M. Uttra, B. R. Devrajani, S. Z. A. Shah, T. Devrajani, T. Das, S. Raza, et al., "Lipid profile of patients with diabetes mellitus (A multidisciplinary study)," World Appl Sci J, vol. 12, pp. 1382-1384, 2011.
[115] A. Zierle-Ghosh e A. Jan, "Fisiologia, índice de massa corporal", 2018.
[116] Z. Porembska e M. Kedra, "Early diagnosis of myocardial infarction by arginase activity determination," Clinica Chimica Ata, vol. 60, pp. 355361, 1975.
[117] D. Barham e P. Trinder, "An improved colour reagent for the determination of blood glucose by the oxidase system," Analyst, vol. 97, pp. 142-145, 1972.
[118] C. C. Allain, L. S. Poon, C. S. Chan, W. Richmond, e P. C. Fu, "Enzymatic determination of total serum cholesterol," Clinical chemistry, vol. 20, pp. 470-475, 1974.
[119] P. Fossati e L. Prencipe, "Serum triglycerides determined colorimetrically with an enzyme that produces hydrogen peroxide," Clinical chemistry, vol. 28, pp. 2077-2080, 1982.
[120] A. H. Wu, Tietz clinical guide to laboratory tests-E-book: Elsevier Health Sciences, 2006.
[121] W. Puavilai, D. Laorugpongse, C. Deerochanawong, N. Muthapongthavorn, e P. Srilert, "The accuracy in using modified Friedewald equation to calculate LDL from non-fast triglyceride: a pilot study," Medical journal of the Medical Association of Thailand, vol. 92, p. 182, 2009.

[122] J. Fawcett e J. Scott, "A rapid and precise method for the determination of urea," Journal of clinical pathology, vol. 13, pp. 156-159, 1960.
[123] A. H. Abdullah, I. K. Mohaisn, A. S. Nsaif, e A. H. M. Safaryan, "Estudo do impacto da deficiência de vitamina D em pacientes acromegálicos iraquianos e sua relação com alguns parâmetros bioquímicos," *Ann. Trop. Med. Public Heal*, vol. 23, no. 11, 2020.
[124] B. Capaldo, G. Lembo, V. Rendina, R. Guida, P. Marzullo, A. Colao, et al., "Muscle Sympathetic Nerve Activity in Patients with Acromegaly," The Journal of Clinical Endocrinology & Metabolism, vol. 85, pp. 3203-3207, 2000.
[125] A. S. Hameed, "Avaliação do Polimorfismo da Apelina, Glutationa S-transferase e alguns dos Parâmetros Bioquímicos em Pacientes com Acromegalia", 2019.
[126] Y. Ren, Z. Li, W. Li, X. Fan, F. Han, Y. Huang, et al., "Arginase: Biological and Therapeutic Implications in Diabetes Mellitus and Its Complications", Oxidative Medicine and Cellular Longevity, vol. 2022, p. 2419412, 2022.
[127] H. A. K. Hussain, N. Q. Muftin, M. N. Al-jibouri, e G. Ben Salah, "Study of the Arginase Activity and Other Biochemical Parameters in Patients with Coronary Artery Disease in Baghdad Governorate-Iraq," Al- Mustansiriyah Journal of Science, vol. 34, pp. 37-44, 30/03/2023.
[128] A. A. Al-Anbari, A. H. Alta'ee, e S. F. Al-Saad, "A study of arginase-1 activity and lipid profile in patients with myocardial infarction," J. Adv. Biotechnol. Exp. Ther., vol. 5, no. 3, pp. 553-561, 2022.
[129] L. O. Farhan, B. A. Abed, e I. N. Salman, "Insulin Like Growth Fator Binding Protein 7 as a Novel Diagnostic Marker in Sera of Iraqi Patients with Acromegaly," Baghdad Science Journal, vol. 20, pp. 0979-0979, 2023.
[130] Y. S. Abd Aon, S. J. Kadhim, e A. Y. Al-Samarriae, "Estudo do genótipo do gene da proteína que interage com o recetor de hidrocarbonetos de arilo (AIP) (rs641081C> A) em amostras iraquianas com adenoma pituitário de acromegalia," Baghdad Science Journal, vol. 19, pp. 1167-1167, 2022.
[131] I. Ságová, M. Dragula, M. Mokán, e P. Vanuga, "Filling the gap between the heart and the body in acromegaly: a case-control study," Endocrine, vol. 79, pp. 365-375, 2023.
[132] A. S. Hameed, F. M. Khaleel e A. M. Rahma, "A resposta de pacientes acromegálicos (diabéticos versus não diabéticos) ao octreotide de ação prolongada e repetível (LAR) na presença ou ausência de genes da glutationa S transferase (GSTM1, GSTT1)", Journal of Pharmaceutical Sciences and Research, vol. 10, p. 3090, 2018.
[133] M. Mercado e C. Ramírez-Rentería, "Metabolic complications of

acromegaly," Metabolic Syndrome Consequent to Endocrine Disorders, vol. 49, pp. 20-28, 2018.
[134] A. R. Mahmood, M. R. Abdullah e K. T. Abdullah, "Determinação de alguns parâmetros bioquímicos de pacientes acromegálicos com diabetes mellitus tipo 2", Journal of Pharmaceutical Sciences and Research, vol. 11, pp. 787-790, 2019.
[135] S. Tabur, H. Sezen, H. Korkmaz, M. Ozkaya, and E. Akarsu, "High prolidase levels may be a marker of irreversible extracellular matrix changes in controlled acromegaly patients?," Experimental and Clinical Endocrinology & Diabetes, pp. 82-86, 2015.
[136] N. T. Tahir, S. A. Abdulsattar, e F. F. Alkazzaz, "Assessment of Obesity, Dyslipidemia, Hyperglycemia, and Pro-Inflammatory Cytokines as Cardiovascular Disease Risk Factors in Acromegaly Patients," Baghdad Science Journal, vol. 19, pp. 0976-0976, 2022.
[137] R. Takeda, R. Tatami, K. Ueda, H. Sagara, H. Nakabayashi, e H. Mabuchi, "The incidence and pathogenesis of hyperlipidaemia in 16 consecutive acromegalic patients," European Journal of Endocrinology, vol. 100, pp. 358-362, 1982.
[138] J. A. Beentjes, A. van Tol, W. J. Sluiter e R. P. Dullaart,
"Low plasma lecithin: cholesterol acyltransferase and lipid transfer protein activities in growth hormone deficient and acromegalic men: role in altered high density lipoproteins," Atherosclerosis, vol. 153, pp. 491-498, 2000.
[139] G. J. Hamwi, T. G. Skillman, e K. C. Tufts Jr, "Acromegaly," The American Journal of Medicine, vol. 29, pp. 690-699, 1960.

Apêndice: Formulário de Questionário

NÃO.		Data	
Nome:			
Telefone NO.			
Idade		Género	
Peso		Altura	
Diabetes			
Quaisquer outras doenças:			
GH		FSG	
IGF-1		LDL	
Colesterol total		VLDL	
Triglicéridos		Ureia	
HDL		Atividade Arg	

MIX
Papier aus verantwortungsvollen Quellen
Paper from responsible sources
FSC® C105338

Printed by Books on Demand GmbH, Norderstedt / Germany